普通高等教育“十四五”规划教材

工程师思维训练
工程实践

钱　炜　沈　伟　丁晓红 等
· 编著 ·

上海科学技术出版社

国家一级出版社
全国百佳图书出版单位

内 容 提 要

本书主要介绍典型工程师思维训练所应用的工程案例以及所涉及的工程基础和专业知识，其中工程案例均源于上海理工大学机械工程学院组建的产业技术学院合作企业的实际工程项目。这些工程案例具备典型的复杂工程问题特征，需要学生综合多门工程基础和专业课程所学知识，采用包括理论计算、仿真分析和实践验证等多种方法才能解决。全书共分为4章，包括工程伦理概述、企业实践案例解析、专业知识集成与应用案例以及产教融合协同指导的毕业设计案例。附录部分给出毕业设计与毕业实习规范要求，以供参考。

本书适用于高等院校工科专业的学生，还可供从事校企合作相关研究和实践的人员参考。

图书在版编目（CIP）数据

工程师思维训练工程实践 / 钱炜等编著. -- 上海 : 上海科学技术出版社, 2021.7
普通高等教育“十四五”规划教材
ISBN 978-7-5478-5366-5

Ⅰ. ①工… Ⅱ. ①钱… Ⅲ. ①工程师－思维训练－高等学校－教材 Ⅳ. ①T-29

中国版本图书馆CIP数据核字(2021)第110946号

工程师思维训练工程实践
钱 炜 沈 伟 丁晓红 等 编著

上海世纪出版(集团)有限公司
上 海 科 学 技 术 出 版 社 出版、发行
(上海钦州南路71号 邮政编码200235 www.sstp.cn)
上海锦佳印刷有限公司印刷
开本 787×1092 1/16 印张 10.25
字数：250千字
2021年7月第1版 2021年7月第1次印刷
ISBN 978-7-5478-5366-5/TH·92
定价：49.00元

编委会

主　编　钱　炜

副主编　沈　伟　丁晓红

编　委　（按姓氏笔画排序）

丁子珊　王新华　申慧敏　吴恩启

前　言

近年来，随着机械行业的快速发展，对机械类创新人才的需求和要求越来越高。对于把培养卓越工程师作为重要培养目标的应用研究型大学，其当前培养学生的现状是思维模式并不能完全满足工程师思维的要求，解决复杂工程问题的能力不足，在工程伦理基础、实践动手能力及创新能力等方面还有提升的空间。

校企合作、产教融合是解决目前我国工程教育理论与实践脱轨、学生工程实践能力弱、企业对毕业生知识结构和解决复杂工程问题能力满意度低的有效手段，这已成为业内专家的共识，但是必须清楚认识到目前校企合作人才培养模式中还存在不少问题，导致部分学生到企业只是做些简单的技术工作。学生在校期间所学的专业课具备普适性，但大多缺少来源于工程实践、需要跨多门课程知识才能解决的实际案例。本书正是针对这些问题，依托上海理工大学机械工程学院建立的产业技术学院的实践运行经验，选取包括上海机床厂有限公司、上海振华重工(集团)股份有限公司、上海波客实业有限公司等产业技术学院合作企业的典型实践案例作为主要内容，编写而成这本适用于企业工程师讲解的工程师思维训练课程的教材。

本书秉承中国工程教育认证和新工科建设的指导思想，首先介绍了工程师思维必须具备的工程伦理内容，主要目的是帮助我国工科院校学生，也就是未来的工程师来理解其职业工作的伦理内涵，对工程师的职业特征和责任有更加深入的认知，并将工程伦理价值理念融入其开展工程技术的实施过程中。此外，针对理论教学中专业知识的“碎片化”现状，通过实际的企业实践案例解析，实现专业知识集成与实践应用，为具有“工程型、创新性和国际化”的工程人才培养提供产教融合、协同指导的案例素材和实践方案，力求做到覆盖面广、多知识点融合。

本书按照以下内容开展：

第 1 章主要探讨工程伦理概念解析及其对工程师行为规范和教育培养的意义，对工程伦理进行了综述。

第 2 章重点介绍企业实践案例并开展解析，案例来源于包括上海机床厂有限公司、上海振华重工(集团)股份有限公司、上海波客实业有限公司等上海理工大学机械工程学院产业技术学院的合作企业。

第 3 章以上海理工大学机械工程学院产业技术学院的学生企业实训案例为主体，分析介绍了锻炼学生专业知识集成能力的实践案例。

第4章主要介绍了上海理工大学机械工程学院产业技术学院的产教融合协同指导的毕业设计案例。

附录给出了具体的毕业设计样本和企业实习报告样本，并提供了具体实践方案。

本书由上海理工大学钱炜、沈伟和丁晓红担任主要编著人员，编写人员还有吴恩启、王新华、申慧敏、丁子珊。本书编写得到了上海机床厂有限公司、上海振华重工(集团)股份有限公司、上海波客实业有限公司的大力支持与帮助，在此一并表示感谢。

由于编者水平有限，加之工程师思维训练的探究仍在持续进行中，书中内容难免有不足或不妥之处，恳请专家、读者批评指正。

作者

目　录

第1章

工程伦理概述

1.1 工程师思维和工程伦理的关系

古往今来，人类依靠自己的双手或通过制造出机器设备辅助等方式，完成了不计其数“鬼斧神工”般的工程，如古代建造的都江堰、京杭大运河、万里长城等，现代社会小到手表、手机，大到“八纵八横”高速铁路网、中国天眼——贵州平塘球面射电望远镜、港珠澳跨海大桥等“超级工程”。这无数的案例无不彰显着工程活动对人类社会发展的重要性：工程活动创造了人类物质世界，深刻地影响着人类赖以生存的自然环境，并推动着人类精神文明的进步和发展。

随着现代科学的发展，工业技术水平日新月异，并在全球范围内获得了前所未有的推广应用。工业文明给人们带来社会经济发展、生活水平改善的同时，使得人类社会对工程技术的依赖性日益加剧，也对自然环境造成了巨大的压力。“工程师”就是以“工程”为职业的人，是各类工程活动的策划者、实施者、监督者和维护者。工程师作为新技术、新产业的“开拓者”和“先锋”，在现代社会分工中，被赋予了极大的社会期望，其专业能力不仅影响着工程对象，还在生产力发展和社会发展的进程中发挥了重要的作用。因此，优秀的工程师不仅要具备扎实的专业知识，还必须要有追求卓越的工匠精神、强烈的社会责任感和历史使命感，这些无不是工程伦理范畴下“工程师思维”的核心体现。

近年来，随着我国工业化程度日益增加，“中国工程”在全球范围内遍地开花结果，对世界经济和社会发展产生越来越大的影响力，受到了各国的密切关注。在这种新形势下，我国工程技术人员在面对工程技术挑战的同时，需要兼顾解决全球变暖、资源枯竭、城乡发展等复合性难题，这样才能在推动社会生产力发展的同时，担负起更多的社会责任，彰显我国推动构建人类命运共同体的坚定决心，并为之不断做出贡献。

通过对高等院校工科专业学生开展工程师思维训练教育，反思工程伦理的内涵、科技发展对人类未来前途和命运的影响，能够为我国卓越工程技术人才培养提供新的观点和思路，对推动我国新时代工程技术人才的综合素质提升、促进我国工程技术的进一步发展具有重要意义。

1.2 工程师培养与工程伦理教育

当前，我国正处于工业发展的高潮，并向工程强国大步迈进。工程伦理教育对我国工程类人才培养以及高等工程教育改革具有重要意义。通过工程伦理教育，培养工科学生诚信品质，提升竞争能力，塑造敬业形象，增强社会责任感和历史使命感，强化法纪观念，培养团队精神。学生在掌握基本工程技能和理论知识的同时，能够对工程技术有整体性的认识，从而成为具有高瞻远瞩的工程理念、卓越非凡的工程创新精神、深切的职业自觉意识、强烈的社会责任感和历史使命感的新时代工程技术人员。

党的十九大以来，党中央从严治党，强调敬业精神，从狠抓意识形态和思想斗争的背景出发，强调工程师这一类高级专业人才和专业工种的思想素养。十九大报告提出“加快建设制造强国，加快发展先进制造业”，为我国制造业发展指明了主攻方向。“中国制造 2025”等国家发展战略对我国高等工程教育在“质”与“量”上提出了更高的要求。如何满足产业发展的人才需要，更好地完成新时代所赋予的高质量工程人才教育和培养的使命，成为高等工程教育改革的重要课题。

通过对用人单位和毕业生的双向调研，我们发现出现大量“跳槽”、被辞退现象的根本原因，在很大程度上是由毕业生自己造成的。调研发现，学生职业伦理和职业素养的缺失，是出现就业难的重要原因之一。工程类学生通过学校培养体系的专业学习和训练，很大程度上都能够掌握工程专业理论知识和实践经验，但是当学生真正以工程师的身份走向社会时，往往会面临来自职业生活的伦理挑战，如风险责任承担、施工环境挑战、团队管理服从认同、法律等。

对未来的工程师——工科专业人才培养过程实施工程伦理教育，加速培养中国工程类专业学生的职业道德和规范，严于律己。保证高级技术人才、工程师在自觉自律的情况下，恪守专业操守和职业道德。面对违法乱纪的行为，能够做出客观、专业的职业判断。通过构建工程类专业学生的科学与工程伦理观，能够为企业、社会和国家创造财富，并缩小我国和发达国家对于职业工程师道德和规范教育上的差距，加速我国工程类人才培养与国际接轨。

2018 年国务院学位委员会办公室发布的第 14 号文件《关于转发〈关于制订工程类硕士专业学位研究生培养方案的指导意见〉及说明的通知》中，工程伦理被列为公共课程必修课程，这也说明了工程伦理对于工程类人才培养的重要性和必要性。2020 年教育部发布的《高等学校课程思政建设指导纲要》中，明确提出“工学类专业课程，要注重强化学生工程伦理教育，培养学生精益求精的大国工匠精神，激发学生科技报国的家国情怀和使命担当”。

1.2.1 工程师职业素养

从工程师角度出发，工程伦理提出的主动防范工程风险，自觉承担职业责任，增进并可持续发展工程与公众、自然和社会的和谐关系，是工程师认同和诉求的社会意识。

科学与工程技术活动作为一项“社会工程”，能够通过其实践活动影响社会伦理价值的构建，不仅影响科学和工程技术人员，同时能够影响社会制度安排、个体行为，甚至社会伦理价值。因此，通过科学与工程伦理实践，才能增强科研和工程技术人员工作成果的稳定性与可靠性。

然而，科研和工程技术人员并不是没有接受过工程伦理教育，或其职业培养要求等也并不是没有伦理学因素，究其原因，常常是工程伦理没能在工程实践活动中充分发挥实际效用，即“工程伦理的实践有效性”没有体现出来。这种有效性不仅取决于工程伦理观念本身的正确性，还取决于工程伦理观念发挥实际作用的路径适宜性。只有通过工程伦理的实践有效性才能真正体现科学与工程伦理的实际价值。

因此，提高工程伦理观念的实践有效性，关注其发挥实际效用的路径、机制和方法，就必须深入到工程伦理实践中去。随着我国经济和社会的快速发展，我国逐渐成为具有世界影响力的“工程大国”，并完成诸多“超级工程”，而工程风险居高不下，则更应关注科学与工程伦理问题。

中国要将“大国重器”掌握在自己手中，实现“工程大国”向“工程强国”的转变，需要更多的顶尖工程技术人才和工程技术大师。随着高铁、水电等越来越多的工程行业走出国门，中国工程师更多地参与到全球工程实践中来，国际化程度越来越高，工程事务对他们的要求也越来越高。当代社会对工程师的要求不仅是纯技术上的，还要求他们对工程的生态环境、公众健康、安全和人文等社会影响有足够的认识，具备高度的社会责任感，正确的价值观、利益观和强烈的伦理道德意识，尤其是对专业工作进行道德价值判断的能力。因此，工程伦理教育已经成为当今工程教育体系的重要组成部分，直接决定着工程师培养是否全面，对工程师的国际竞争力影响很大。

不论从工作和生活来讲，工程师都是在社会这一大背景下进行活动的。因此，作为应承担一定社会责任的社会成员，且随着工程技术活动对社会影响力的不断扩大，工程师必须具有维持社会持续发展的基本素质，以维护社会的稳定。这不仅是社会对工程师的要求，也是工程师完善自己的要求。如果只具有精湛的职业技能，但是缺乏基本的职业道德、违背职业规范，不仅不利于自身职业发展，还会危害社会。

工程伦理规范其实包括工程师应该对什么人负责、向谁负责、谁负责任等问题，可以归纳为首要责任原则、工程师的权力与责任、工程师的职业美德、如何正确地做出符合伦理的决策。此外，工程师的职业道德按照其参与的实践不同，可以分为工程研究中的道德、工程实验中的道德、工程制造中的道德和工程使用维护中的道德等。

工程师职业素养是工程人员参与社会工程实践活动中需要遵守的行为规范，是工程师职业的内在要求，是通过从事工程实践过程中表现出来的综合品质，其是通过学习、培训、锻炼、自我修养等方式逐步积累和发展起来的。对于工程技术领域，伦理行为与规范可以按照表现形式分为隐性和显性两类。工程伦理对工程师隐性职业素养的培养具有重要作用，影响其全职业发展周期。隐性职业素养可以具体表现为诚信品质、敬业形象、法纪观念和团队精神等。

(1) 诚信品质。“诚”指“内诚于心”，“信”指“外信于人”。具体地说，“诚”是道德主体的道德修行，表现为诚挚、诚恳、真诚等内在的道德诉求；“信”是内诚的外化，表现为重言诺、守信用、讲信义等社会化的道德实践。诚是信的基础与前提，只有诚信于心，才有言行一致。诚信作为立德修身之本，也是有序的市场经济最基本的道德规范要求。

(2) 敬业形象。包括热爱本职工作、投入精神、对其所在单位的忠诚以及在责任感中激发出来的主动性，具体表现为饱满的工作热情、积极的创新精神、甘于奉献的务实作风。

(3) 法纪观念。“没有规矩，不成方圆”“家有家规，国有国法”。说明了规章制度的必要性和纪律教育的重要性。要建设高度文明、民主的社会主义国家，实现中华民族伟大复兴，就必须在全社会形成“以遵纪守法为荣、以违法乱纪为耻”的社会主义道德观念，让遵纪守法成为良好习惯。随着我国法治日臻健全，认识、遵守和自觉维护法制的思想意识，既使我们对自己合法权利的维护意识增强，又要求自己对法律的遵守，必须牢固树立法律底线不可碰触。

(4) 团队精神。“单丝不成线，独树不成林”。具有强烈的团队归属感和一体性，才能更好地将个人工作和团队目标联系在一起，从而推进工程进展。

1.2.2 工程伦理实践案例分析

从工程实践来说，好的工程要给社会带来更多的便利，工程师必须要解决社会背景下工程实践中的伦理问题，这些问题仅仅依靠工程方法是无法解决的，在工程设计中尤其要寻求人文科学的帮助。总之，工程伦理就是对工程与工程师的伦理反思，只要人们生活在工程世界中、使用过程产品，工程伦理便和每个人的生活密切相关。

工程伦理实践是通过工程实践实现的，其融会贯通于机器设备开发、产品生产制造、工艺规划等过程的判断、决策和实践中。工程伦理要求工程人员在具体的工作中，把工程伦理行为规范对工程师的职业素养要求变为自己内在的、自觉的伦理行为模式，主动履行职业承诺并承担相应的责任。

工程伦理教育已经成为当今工程教育体系的重要组成部分，直接决定着工程师培养是否全面；通过科学与工程伦理实践，从而增强科研和工程技术人员工作成果的稳定性与可靠性。下面通过介绍案例“徐小平——德语讲得‘最溜’的上海工人”，加强相关理解。

上海大众汽车有限公司发动机厂有一名从普通机修工成长起来的技术人才，任上海大众汽车有限公司发动机厂维修科高级经理、特级技能师，他就是徐小平。他先后主持参与数十项技术攻关项目，解决了无数发动机生产过程中的技术难题；支持参与进口设备的自主革新和升级改造，为企业节省外汇数亿元。从维修工到技术专家，从夜校生到多项专利拥有者，从一线工人到“蓝领创新”团队领衔者……从徐小平身上，可以得到以下启示：

1) 爱岗敬业

中国汽车工业从无到有、从弱到强，历经从模仿吸收到摸索创新的过程。徐小平的职业轨迹与之高度契合，他从“拜师学艺”到“自主创新”，从普通工人到成为海内外闻名的技术专家。当年修了12年通用机械的徐小平，应聘进入上海大众发动机厂当维修工，面对一排排从未见过的进口机床和密密麻麻的德语，他只有一个念头：学通德语，摸透机器。德语对徐小平来说，无异于“天书”，还要攻克晦涩的技术术语，更是难比登天。但徐小平有一股“韧劲”。为了学德语，他听坏了好几个录音机，不知熬了多少夜，终于，功夫不负有心人，2003年徐小平通过了上海外国语大学“高级德语翻译”的考核，成为国内有名的德语技术翻译。“搞技术就是追前沿，谁偷懒谁完蛋。”深谙此理的徐小平自学并综合运用机电、液压、激光等新型学科和技术，打破外方的技术封锁，驾驭了高精设备，确保了发动机生产线的正常运行，成为上海大众第一个“特级技能师”。

2) 攻坚克难

汽车制造业是全世界公认的投资高、技术含量高、产业链附加值高的“三高”型产业。徐小平所在的上海大众汽车有限公司目前产品保有量全国第一，年产值超过1 500亿元。创新不落窠臼，即便是在国际权威面前，徐小平也敢于创新，在多项国际先进技术上成功实现突破。激光调焦难是全球技术瓶颈，徐小平大胆提出“用可见光代替激光，实现可视对焦”的假设，德国专家马上否定：“异想天开！”而徐小平经过4个多月的钻研，终于研制成功“激光可视对焦仪”，不仅使每次对焦时间从16 h下降到0.5 h，而且填补了国际空白。

长期以来，进口数控机床核心部件的自主修理能力一直是国内制造业的短板。上海大众的电主轴，长期依靠国外提供，并由国外维修。每根电主轴的修理价格从10万元到20万元，相当于一根新轴价格的2/3。这不仅消耗大笔外汇，也常使设备维修保养陷入被动。这种"受制于人"的状况让徐小平心有不甘。他的探索惊动了国外公司，外方连备件都不愿提供，更不用说图样资料和关键参数了。技术"封锁"反而激发了徐小平的斗志，他通过艰苦钻研实现了突破，电主轴的使用寿命从起初的2000h提高到现在的6000h以上，接近国际先进水平，而每根轴的自主维修费用仅为委托外方修理费的15%。他先后主持攻克了数十项设备的疑难问题，参与了众多进口设备的自主革新和升级改造，为企业节省外汇数亿元。有一次设备出故障，德国专家8天8夜修不好，徐小平挺身而出，仅用2h就修复设备，德国专家的态度也从不屑急转为异常佩服。上汽集团董事长胡茂元说，徐小平身上有"上汽人"不服输、敢拼搏的精神，正是这种执着，让企业创新有底气。

3）团队精神

在上海大众，不是一两个工人创新，而是一个团队创新；不是偶尔创新，而是滚雪球式的持续创新，带动更多职工投入创新。其中的秘密，就是依托上海大众良好的员工发展政策。徐小平在团队建设中提出了"X＋1＝TEAM模式"，即每位成员在全方位掌握维修技能以外，必须钻研一项专业知识和专业技能，努力成为某一技术领域中的专家，这些专家整合起来就形成强有力的专业维修。在工作机制上，徐小平充分发挥"劳模创新工作室"的优势，先后建立起六大专业工作室，一批维修专家脱颖而出。发动机厂维修团队2012年申报国家级专利8项、国际专利1项。

更多的工程伦理相关案例，读者可参考查尔斯·E·哈里斯等人编写的*Engineering Ethics：Concepts and Cases*（*5th Edition*）一书。

1.2.3 全球化背景下的工程伦理教育

一个国家的工程竞争力，说到底主要取决于工程师的国际竞争力。中国工程师的国际竞争力如何，如何提升他们的国际竞争力，一直备受关注。与欧美发达国家相比，中国工程师的国际竞争力存在某些优势，比如学习能力强、踏实肯干、追求高效等，但总体上还不尽人意。这固然是多方面因素导致的结果，但与中国工程伦理教育的不足存在较大关联。全球化背景下，工程伦理教育对工程师的国际竞争力产生影响的同时，也可以上升到对国家的国际影响力。

工程伦理教育可引导工程师把伦理作为重要因素融入工程实践中去，使工程不仅追求"真"，还要向"善"的方向发展。当前中国拥有世界上最大规模的高等工程教育，每年培养的工科类工程技术人才数量国际领先，但是不少高等工科院校在对未来工程师正确、全面的工程观与工程文化的塑造方面仍有"短板"。我们应当从工程伦理教育的角度，开展工程师思维训练教育，反思工程伦理的内涵、科技发展对人类未来前途和命运的影响，推动我国新时代工程技术人才的综合素质提升，提升中国工程师的国际竞争力。

1.3 工程伦理导论

由于与技术的研究、开发、生产、使用和处理过程有着密切的联系，科学家和工程师肩负着非同寻常的职责，其工作实践活动会产生规范标准以外的不确定性问题。因此，科学与工程伦理对工程师行为的道德约束具有重要意义。近年来，我国开始关注国外工程伦理学理论体系，如美国、日本、俄罗斯等国屡屡有相关著作的系统介绍与评价面世。如何结合我国当前工程职业化体系建设的时代背景，构建符合我国国情的科学、工程伦理理论和时间模式，将对我国工程人才培养起到积极的促进作用。

不同于普通伦理学，工程伦理并不是“人品道德、素质修养”等社会意识形态，而是属于职业伦理学范畴。工程伦理学是一门诞生于发达国家的新兴交叉学科，专门研究工程实践活动中的伦理道德问题，包括工程实践活动中的伦理原则、道德规范以及相关工程技术人员社会责任感的培养和评价等方面。工程伦理的目标是“确保公众的安全、健康和福祉”。根据工程职业的定义即“工程师从事的工作具有的权力、应承担的责任和义务，以及工程师职业道德与社会之间的关系”，因此工程师掌握的技术对社会的价值、工程性质与规范、工程安全与风险、工程与环境关系、工程的跨文化规范等都是工程师科学与工程伦理的实践范畴。通过工程伦理教育提升工程技术人员的科技伦理素养，不仅能够预防施工事故等灾难、避免不端的职业行为，还可通过技术对社会的影响提升技术水平，为改善人们的生活水平和推进社会的和谐发展提供重要保障。

20 世纪后半叶，随着工业革命的快速发展，工程师的社会地位日益重要，工程伦理也受到越来越多的关注，并在 21 世纪初逐渐成为科技哲学界的国际热门研究点。在当今欧美等发达国家或地区，几乎所有的工程职业团体都把“公众的安全、健康与福祉”放在工程师职业伦理章程的第一条第一款，这充分体现了工程伦理的核心地位，强调工程人员应遵守职业准则、尽职尽责。

1.3.1 工程伦理发展历史

工程伦理伴随着工程师和工程师职业团体的出现而不断地发展完善。在工业革命初期，人们认为工程任务自然会带给人类福祉，并未对工程伦理给予足够的重视。但是，随着工业革命进入高潮，工程技术与商业之间依赖性日益增强，使得工程师职业价值理念与商业价值之间产生越来越多的伦理冲突。新闻界对涉及工程伦理问题事实的相关报道促进了社会各界对工程伦理不端行为的关注，如剽窃、欺诈、贿赂、歧视等，使人们愈加深刻地感受到因违背工程伦理导致的严重后果，以及带来的经济损失等。

人们开始逐渐意识到：工程伦理缺乏对工程技术的稳定和完善构成了威胁，工程实践的目标不能等同于商业利益增长。人们日益认识到工程技术的实施者——工程师，因为应用现代科学技术拥有了巨大力量，从而对工程师提出承担更多伦理义务和责任的要求。

从职业发展来说，工程师共同体强调行业的专业化和独立性，也需要加强工程师的职业伦理建设，因而很多工程师职业组织从 19 世纪下半叶开始将明确的伦理规范写入组织章程之中。如美国电气工程师学会[美国电气电子工程师协会(IEEE 前身)]于 1912 年制定了其伦理规则，但在当时的环境下，该伦理规则仅局限于职业团体组织。第二次世界大战期间以及战后，军用技术逐渐转向民用，使得大量的工程师职业技能得到了充分发挥，战争中科学与工程技术所体现出的庞大力量使科技工作者和民众都意识到了其两面性。其中最具代表性的当属爱因斯坦，他指出：“我们这个时代产生了许多天才人物，并提出了很多发明，使得我们的生活舒适很多。我们早已利用机器的力量横渡海洋，并且利用机械力量可以使人类从各种辛苦繁重的体力劳动中最后解放出来。我们学会了飞翔，用电磁波从地球的一个角落方便地同另一角落互通信息。”在感叹科技发展带来便利的同时，他也认为技术将会给人们带来巨大的危险：“技术——或者应用科学却已使人类面临十分严重的问题。人类的继续生存有赖于这些问题的妥善解决。”“技术使距离缩短了，并且创造出新的非常有效的破坏工具，这种工具掌握在要求无限制行动自由的国家手里，就变成了对人类安全和生存的威胁”。

从国家层面看,科学技术的应用与政治直接相关,工程技术也会成为政治斗争的工具。

这些都促使了新的工程伦理观念出现。然而工程伦理学成为一门深入研究的学科领域是在 1980 年以后,标志性事件包括如下:

——美国学者鲍姆开始“哲学与工程伦理学”国家项目,奠定了工程伦理学作为涉及哲学、工程学、社会科学、法律和管理科学的“跨学科性学科”地位的基础。

——1980 年,美国伦塞勒尔工学院召开了第一次关于工程伦理学的跨学科会议,同年莱登逊等人出版了第一本关于工程伦理学的学术论著。

——1981 年,面向工程伦理学研究的跨学科刊物 *Journal of Business and Profession Ethics* 创刊。

进入 21 世纪以来,以信息高速公路为基础,以人工智能、虚拟现实、万物互联、大数据等为技术核心,以社会生产和人类生活全面智能化为基本特征的智能时代不仅给人们带来了便捷,也对人类隐私、生命乃至公平正义造成了巨大威胁和全面挑战。因此,智能信息时代的工程师如何化解技术风险,并在保护隐私、关爱生命、守护公平正义等方面主动承担起自身的伦理责任,从而实现工程造福人类的目标,成为当前和今后一段时期急需深入思考的重大课题。IEEE 也于 2017 年向全球发布了第 2 版“人工智能设计的伦理准则”白皮书(*Ethically Aligned Design* V2),摘录如下:

Ⅰ. 宗旨

智能和自主的技术系统的设计,旨在减少日常生活中的人工活动。正因为如此,这些新领域对个人和社会的影响已引起人们的关注。目前的讨论涉及对积极影响的倡导,也涉及关于隐私侵害、歧视、技能丧失、负面经济影响、关键基础设施的安全风险以及社会福祉之长期影响的警告。正是由于系统的这些性质,只有它们能够符合人类的道德价值和伦理原则,这些系统才能充分实现其益处。因此,必须建立框架,指导人们认识这些技术可能造成的技术以外的影响,并就此进行对话和讨论。

Ⅱ. 目标

合乎伦理地设计、开发和应用这些技术,应遵循以下一般原则:

人权:确保它们不侵犯国际公认的人权。

福祉:在它们的设计和使用中优先考虑人类福祉的指标。

问责:确保它们的设计者和操作者负责任且可问责。

透明:确保它们以透明的方式运行。

慎用:将滥用的风险降到最低。

中国人民大学刘永谋教授曾指出,按照美国哲学家卡尔·米切姆被普遍接受的看法,西方工程伦理的发展大致经过 5 个主要阶段:

(1) 在现代工程和工程师诞生初期,工程伦理处于酝酿阶段,各个工程师团体并没有将之以文字形式明确下来,伦理准则以口耳相传和师徒相传的形式传播,其中最重要的观念是对忠诚或服从权威的强调。这与工程师首先是出现在军队之中是一致的。

(2) 到了 19 世纪下半叶—20 世纪初,工程师的职业伦理开始有了明文规定,成为推动职业发展和提高职业声望的重要手段,比如 1912 年美国电气工程师学会制订的伦理准则。忠诚要求被明确下来,被描述为对职业共同体的忠诚、对雇主的忠诚和对顾客的忠诚,从而达到公众认可和职业自治的程度。

(3) 20 世纪上半叶，工程伦理关注的焦点转移到效率上，即通过完善技术、提高效率而取得更大的技术进步。效率工程观念在工程师中非常普遍，与当时流行的技术治理运动紧密相连。技术治理的核心观点之一，是要给予工程师以更大的政治和经济权力。

(4) 在第二次世界大战之后，工程伦理进入关注工程与工程师社会责任的阶段。反核武器运动、环境保护运动和反战运动等风起云涌，要求工程师投身于公共福利之中，把公众的安全、健康和福利放到首位，让他们逐渐意识到工程的重大社会影响和相应的社会责任。

(5) 21 世纪初，工程伦理的社会参与问题受到越来越多的重视。从某种意义上说，之前的工程伦理是一种个人主义的工程师伦理，谨遵社会责任的工程师基于严格的技术分析和风险评估，以专家权威身份决定工程问题，并不主张所有公民或利益相关者参与工程决策。新的参与伦理则强调社会公众对工程实践中的有关伦理问题发表意见，工程师不再是工程的独立决策者，而是在参与式民主治理平台或框架中参与对话和调控的贡献者之一。当然，参与伦理实践还不成熟，尚在发展之中。

20 世纪 90 年代，工程伦理的概念开始被介绍到国内，研究主要集中在中国社会科学院、东北大学、大连理工大学及浙江大学的部分教师及学生中。学术界主要的译著为丛杭青等翻译的《工程伦理概念和案例》，主要的专著包括肖平的《工程伦理导论》和李世新的《工程伦理学概论》，主要的研究文章包括李世新的《开展工程伦理学研究增强工程师责任意识》《谈谈工程伦理学》和丛杭青的《美国工程伦理的历史与启示》等。

1.3.2 工程伦理行为与规范

职业伦理是属于职业的，是相应于不同的职业所要求的特殊道德规范。在日常生活的分工体系中，社会赋予每一项职业的使命、责任与义务就是职业伦理。职业素养是人类在社会活动中需要遵守的行为规范，是职业内在的要求，也是一个人在职业从事过程中表现出来的综合品质，是通过学习、培训、锻炼、自我修养等方式逐步积累和发展起来的，它体现一个社会人在职场中成功的素养和智慧。

2006 年，依波 · 范 · 德 · 普尔(Ibo van de Poel)等编著的 *Philosophy and Engineering：An Emerging Agenda* 中指出“通过工程师的负责人行为或揭发能够有效地避免灾难的发生”，该书从诚实、谨慎、公开性、自由、信誉、教育、社会责任、合法性互相尊重、效率、尊重主体等方面，介绍了科学伦理的基本原则。

美国工程师协会提出的工程师行为规范包括：

(1) 工程师在达成其专业任务时，应将公众安全、健康、福祉放在至高无上的位置优先考虑，并作为执行任务时服膺的准绳。

(2) 应只限于在足以胜任的领域中从事工作。

(3) 应以客观诚实的态度发表口头或书面意见。

(4) 应在专业工作上，扮演雇主、业主的忠实经纪人、信托人。

(5) 避免以欺瞒的手段争取专业职务。

1.3.3 现代工程伦理案例分析

近年来，随着我国科学技术的发展，科学与工程伦理引发的重大事故引起了社会各界的广泛关注。探究这些事故发生的重要原因，往往涉及相关工程技术人员的伦理意识和社会责任感存在问题。工程伦理在新时代背景下面临的挑战和变化更加复杂。这种挑战和变化不仅来自工程技术本身，还涉及经济发展、文化背景、自然环境等交叉因素。下面结合近些年发生的具有广泛国际社会影响力的工程伦理事件，对现代工程技术发展背景下的工程伦理开展讨论。

1）案例一：美国挑战者号航天飞机灾难——小零件造成大悲剧

1986年1月28日，美国挑战者号航天飞机在发射中失事，导致7名航天员全部遇难。该次发射原本计划于1月22日进行，因种种原因推迟至1月28日进行。然而，尽管前一天已预测到发射当天的气温会低至允许发射的最低温度，且发射塔上覆盖了冰雪，负责制造和维护该航天飞机固体火箭助推器部件供应商——莫顿聚硫橡胶公司的O型密封圈责任工程师罗杰·博伊斯乔利根据他的职业知识判断，不确定该密封圈能够承受目前这样的低温，O型密封圈在低温下其密封性能可能会失去弹性，导致密封失效，结果将会使得炽热气体溢出，点燃储存舱内的燃料，造成致命的爆炸，建议推迟第二天早上的发射任务。但是，莫顿聚硫橡胶公司高层为了使公司获得美国国家航天局新一轮的签约，推翻了责任工程师罗杰·博伊斯乔利的主张。

美国国家航天局在1月28日上午11时39分执行了发射任务，挑战者号发射升空，仅仅73 s后发生解体并爆炸。事故调查结论显示，助推器是通过安装在连接处的6枚橡胶材质O型密封圈实现机身密封的，然而在挑战者号发射升空时，助推器外壳的金属部分在点火产生的压力下因膨胀而出现了裂缝，原本设计用于封闭该裂缝的O型密封圈因过低的温度失去韧性丧失了密封功能。副O型密封圈则因金属外壳崩裂而偏离了原本的位置，点火产生的高温使这两枚O型密封圈都融化了，造成裂缝扩大，燃料溢出产生明火，并最终导致挑战者号在空中爆炸。

此次事故造成直接经济损失12亿美元，使全世界对征服太空的艰巨性有了一个明确的认识。在事故发生前，罗杰·博伊斯乔利作为一名工程师认识到了自己负有保护公众健康和安全的义务，对可能发生的危险依靠职业经验做出了技术判断，以保护公众安全。然而，其他工程人员没有理睬他对发射的抗议。虽然，罗杰·博伊斯乔利没能成功阻止这场人类航天史上最严重的载人航天事故，但是他践行了自己的职业责任。在随后的职业生涯中，他遍访美国各地的学院、大学，宣传工程伦理。1988年美国科学促进会对他在挑战者号事件中坚守工程伦理的典范行为授予了“科学自由与责任奖”。

2）案例二：日本福岛核电站事故

2011年3月，里氏9.0级地震引发的特大海啸袭击了位于日本福岛的福岛第一核电站，导致其中全部六个反应堆出现不同程度的爆炸，并直接导致放射性物质的泄漏。核电站外泄的放射性物质先后扩散到福岛县的农田、周边的海水及东京等七个城市的饮用水当中。日本政府及东京电力公司先后采取多种措施对各个反应堆进行多次注水冷却，并试图恢复各反应堆的供电，但效果时好时坏，放射性物质的泄漏得不到有效控制。日本地处地震频发地区，福岛第一核电站却采用单层循环沸水堆，并将冷却水直接引入海水，这样的结构设计存在显著缺陷，并埋下了巨大的安全隐患。

不久之后，世界多国就检测到福岛核电站泄漏事故所释放出的微量放射性物质，同时日本在福岛第一核电站区域内检测到了又一种强放射性毒物——钚。日本政府宣布事态非常严重，并宣布将废弃福岛第一核电站的一～四号机组。然而，东京电力公司为了解决福岛核电站设施内部高放射性污水的问题，擅自决定将一部分低放射性的污水直接排入海中，为高放射性污水让出储存空间，并且随后采用了巨型铁板阻止高放射性污水入海。

日本原子能安全保安院将此次福岛第一核电站的核泄漏事故定级为七级，与切尔诺贝利核泄漏事故达到了同样的最高级等级。多国专家都表示，这次核事故要得到妥善处置至少还需要 10 年时间和数十亿美元的投入，而其对日本及周边国家环境的影响尚难估计。

东京电力公司为日本国内提供了 1/3 的发电量，是日本最大的电力运营企业，也是世界上最大的民营核电企业。东京电力公司作为日本核电工程的最大运营者也是福岛核电站的所有者，在本次福岛核事故中成为第一责任人，其行为凸显出许多值得人们反思的伦理问题：第一，为保企业资产错过最佳时机——违反忠诚原则；第二，设备超期服役——违反安全原则；第三，隐瞒事故篡改数据——违反诚实原则。

随着能源需求与日俱增和人类面临的生态环境保护等重大问题，核电成为解决该类问题的重要途径。然而，在其发展的过程中，应该保证相关核电开发法律及国际公约的同步完善，坚持遵守科学工程伦理原则，构建基本的伦理内容，明确核电工程中各主体的伦理责任。通过不断实现更安全更环保的核电工程，深入探讨和解决随着核电工程发展而出现的新的伦理问题，让核电工程更好地为全人类的福祉服务。

随着科技的发展，工程师面临的挑战呈现出工程装备复杂化、施工作业环境复杂化、技术领域交叉复杂化等趋势，这给工程师的工程伦理将带来更大的考验。美国学者 David B. Resnik 撰写的 *The Ethics of Science*(*An Introduction*)一书附录中，提供了大量基于真实情况的假设性案例，并围绕现代工程技术发展背景下的科学伦理开展分析讨论，读者可以参阅。

第 2 章

企业实践案例解析

本章主要从技术背景、工程原理和设计内容等方面详细介绍了五个具体的工程实践案例。其中，2.2～2.4 节是关于上海机床厂有限公司的实践案例；2.5 节是关于上海振华重工(集团)股份有限公司的实践案例；2.6 节是关于上海波客实业有限公司的实践案例。

2.1 相关企业简介

2.1.1 上海机床厂有限公司

上海机床厂有限公司隶属于上海电气集团股份有限公司，是国内最大的精密磨床制造企业。2012 年，拥有“上冲”“SPS”“AS”“TL”品牌的上海冲剪机床厂和拥有“凹凸”“AUTO”品牌的上海第二锻压机床厂与上海机床厂有限公司战略重组，成为上海机床厂有限公司的成型机床制造板块。公司主营业务是各类磨床的生产制造，主要产品品种有外圆磨床、平面磨床、轧辊磨床、曲轴磨床、双端面磨床、花键轴磨床、磨齿机、螺纹丝杆磨床、凸轮轴磨床等各类普通、数控、大型、专用等磨床，其中外圆系列磨床、数控端面外圆磨床、数控车轴磨床、数控曲轴磨床等产品技术处于国内前列。公司在做强磨床产品，保持国内重要地位的同时，逐步扩充磨床类以外的产品，还增加了成型机床的制造和销售，主要产品有 QC12Y 系列剪板机、WC67Y 系列板料折弯机、PS 系列数控板料折弯机等，通过产品门类的扩张提升了企业的经营规模。

公司设有国家级的技术中心，由一批包括中国工程院院士和教授级高级工程师的专家团队领衔，专业从事精密磨床、成型机床和重型机床等产品研发，并在推动行业科技创新、技术进步、标准制定等方面起到了带头引导作用。

自 2009 年起，公司紧紧抓住国家重大专项立项机遇，已先后获得国家“高档数控机床和基础制造装备”科技重大专项课题九项，通过国家验收四项，这为企业进一步调结构、走高端，赶超国际先进水平、实现替代进口目标奠定了坚实的基础。

公司将“塑造人品，制造精品”的质量理念贯穿于生产、经营、管理等全过程，相继获得全国机床工具行业精心创品牌十佳企业、上海市文明单位、上海市质量管理奖、上海市高新技术企业、中国最具市场竞争力品牌和中国名牌等殊荣。

公司通过不断自主创新，瞄准国际机床的先进水平，以提升国内机床行业的技术品位为己任，推动产品升级换代。

2.1.2 上海振华重工(集团)股份有限公司

上海振华重工(集团)股份有限公司是重型装备制造行业的知名企业,为国有控股A、B股上市公司,控股方为世界500强之一的中国交通建设公司。上海振华重工(集团)股份有限公司在港口机械市场连续18年位居世界第一,2019中国制造业企业500强榜单名列第323位,"一带一路"中国企业100强榜单名列第91名。公司与同济大学、上海理工大学等高校建立了产学研培训基地,为高校学生提供实习实践基地,为高校学生提供工程训练课程教学。其中,上海振华海洋工程集团有限公司(简称"振华海工集团")隶属于上海振华重工(集团)股份有限公司,成立于2015年。振华海工集团以夯实振华海工装备设计制造业务,加速向海洋工程全产业链中的高端设计、海洋油气开采、海洋油田服务、海洋工程总承包等新领域推进为目标,集中振华重工海工板块优势资源,加强项目全过程管控,持续提升用户满意度,致力于打造"振华海工""振华风电""振华钢桥""南通传动"四个子品牌。

振华海工集团总部设在上海,并在江苏南通及上海长兴设有3个生产基地,占地总面积4400余亩,总岸线4.5km。截止到2019年年末,公司主营业务包括各类高端海工装备,如钻井平台、钻井船、半潜船等;海洋工程船舶,如大型起重铺管船、铺缆船、饱和潜水支持船、风电安装船、平台支持船、三用工作船、挖泥船、抛石整平船;海上新能源及"大、重、特"型钢结构产品,如升压站、换流站、桥梁钢结构、风电钢结构;海工核心配套件,如减速箱、锚绞机、铺管设备、抬升系统、动力定位系统。振华海工集团现有员工总计2500余人,其中技术研发人员近500人。有1人入选新世纪百千万人才工程国家级人选,获得包括上海市劳动模范、全国五一劳动奖章、上海市领军人才、国务院政府特殊津贴等荣誉;2人获得上海市优秀学术带头人称号;1人获得上海市优秀技术带头人称号。通过多年的技术积累和创新实践,培养了一批国家部委的优秀专家,有2人入选工信部"高技术船舶"领域专家组成员,支持和引领了海工行业的技术发展。截至目前,振华海工集团共获得国家级科技进步奖2项,省部级科技进步奖32项。

2.1.3 上海波客实业有限公司

上海波客实业有限公司(简称"波客公司")专注于航空航天、复合材料、工业软件三个领域的融合创新,率先建立复合材料产品"材料—设计—仿真—工艺—验证"一体化的研发流程、技术体系和软件平台,通过高新技术企业和专精特新企业认定,具有三级保密单位资格,为各行业提供创新产品和服务。

波客公司参与了中国商飞和中航工业多个民机和军机型号,包括ARJ21/C919/CR929、MA60/MA600/MA700、AG300/AG600和多个军用直升机、战斗机、无人机,以及中国航天多个复合材料部段的研发和改进,掌握航空航天复合材料结构和强度设计核心技术。

在车辆复合材料领域,波客公司是泛亚、上汽、北汽、广汽、东风、众泰、前途、中汽院等公司的第一批复合材料技术供应商,并已为中车集团多家公司提供轨道车辆复合材料产品研发服务。通过与上海碳纤维复合材料创新研究院合作,依托研发与转化功能型平台的软硬件条件,为客户提供专业的复合材料零部件咨询设计和样件制作服务。

波客公司工业软件团队围绕产品研发过程中的"数据+流程"需求,自主研发了Aerobook结构和强度快速迭代设计平台,以及面向各行业的Xbook工业软件产品系列,已经成功实现型号应用和客户销售。

2.2 高精度轴系零件复合磨削中心

2.2.1 技术背景

在全球磨床制造和金属加工领域，复合加工技术正以其强大的加工能力被不断发展与应用。高精度柔性复合磨削中心是我国军工、航空、刀具、量具、机床制造等精密机械工业急需的高精度加工技术和设备，是制造业制造精度的重要保证手段。复合磨床是在柔性自动化的数控加工条件下，为了实现复杂形状工件的高效精密加工，在机床上一次装夹完成多种磨削工序的高档数控机床。其突出的优点是装夹次数少、加工精度高且缩短了工件的生产周期。随着社会各个领域的不断发展，对机械加工领域的要求不断提高，高速度、高精度和高效率的"三高"加工是对未来机械加工的基本要求，传统的加工理念已难以满足，因此复合磨削技术成为未来磨削加工的发展方向。

复合磨削机床市场一直处于国外垄断状态，以斯来福临集团瑞士斯图特公司的 Studer S41 系列磨床(图 2-1)和哈挺集团瑞士克林伯格公司的 KEELENBERGE VARIA 系列磨床(图 2-2)等为主要代表，具有回转 B 轴、多磨头可配置砂轮架和可选直驱头架等特点。

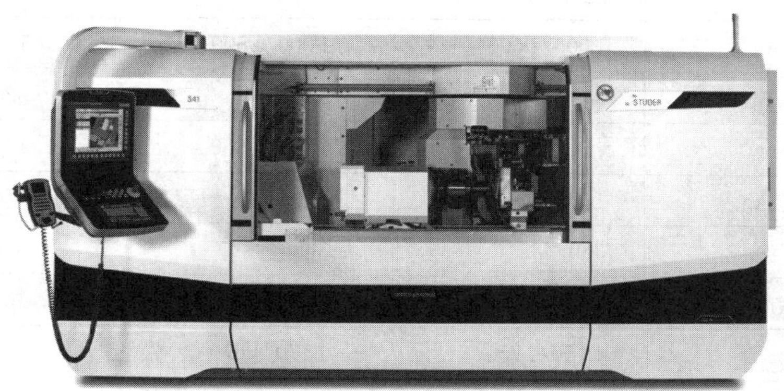

图 2-1　Studer S41 系列磨床

图 2-2　KELLENBERGE VARIA 系列磨床

上海机床厂有限公司于21世纪初便开始着手对复合磨床的开发，从初期的H405－BE内外圆复合磨床，发展到现有的转塔式高精度复合磨削中心H376/H377系列(图2－3)。表2－1列出了H376/H377系列与国外先进磨床性能参数对比。

(a) H405－BE

(b) H376

图2－3 上海机床厂有限公司开发的机床

表2－1 H376/H377系列与国外先进磨床性能参数对比

主要技术指标	S41	VARIA	H376/H377系列
中心高/mm	225/275	200/250	200/275
顶尖间中心距/mm	1 000/1 600	1 000/1 600	1 000/1 500
最大磨削直径/mm	340/500	320/500	320/500
最大磨削长度/mm	1 000/1 600	1 000/1 500	1 000/1 500
顶尖间最大承重/kg	150/250	150/200	150/250
X轴行程/mm	350	365	360
X轴最大速度/(m/min)	20	10	10
Z轴行程/mm	1 150/1 750	1 170/1 670	1 150/1 650
Z轴最大速度/(m/min)	20	20	20
砂轮转塔回转范围/°	－45～225	240	－45～225
砂轮转塔驱动形式	力矩电机直驱	力矩电机直驱	力矩电机直驱
外圆砂轮尺寸/mm	400/500	400/500	400/500
外圆砂轮线速度/(m/s)	50/80	45/63	45/63
外圆磨头功率/kW	15	10	15
内圆磨头直径/mm	120/140	120	120
内圆磨头最高转度/min^{-1}	120 000	90 000	42 000
头架内锥孔	MT5	MT5	MT5
尾架内锥孔	MT4	MT4	MT4
尾架套桶行程/mm	60	50/80	60
控制系统	Fanuc 31i－A	GRINDplus640	华中848D

高精度轴系零件复合磨削中心是针对“高档数控机床与基础制造装备”科技重大专项课题12中的“机床关键零部件加工的精密及数控机床能力提升关键技术研究与应用”进行申报的。该课题的开展将完成课题12中方向3“精密轴系零件加工用复合磨削中心关键技术研究与应用”的目标和任务。本课题属于“高档数控机床与基础制造装备”科技重大专项主机类别中的“高速精密复合数控金切机床”大类，典型特点是“复合”，课题成果可为专项中高速精密复合数控金切机床、重型数控金切机床等类型的主机制造提供关键轴类零件加工装备，所使用的国产数控系统与功能部件也将推动专项中数控系统适用性以及功能部件可靠性的验证工作。

2.2.2　工程原理

案例“高精度轴系零件复合磨削中心”属于国家科技重大专项中的第4项——“高档数控机床与基础制造装备”专项。在“十二五”期间，重点实施的内容和目标分别是：重点攻克数控系统、功能部件的核心关键技术，增强我国高档数控机床和基础制造装备的自主创新能力；实现主机与数控系统、功能部件协同发展，重型、超重型装备与精细装备统筹部署，打造完整产业链。国产高档数控系统在国内市场占有率达到8%～10%。研制了40种重大、精密和成套的装备，数控机床主机可靠性达60%以上，基本满足航天、船舶、汽车、发电设备制造等四个领域的重大需求。

高精度复合磨削中心是典型的工序复合机床，其采用先进的柔性复合加工技术，以多种砂轮的组合形式形成系列。一次装夹完成工件外圆、内圆、端面、锥面、非圆、曲面等部位的磨削加工，完全改变了多台床分序加工的传统加工方式。工作台纵向移动及砂轮进给均由伺服电机直驱滚珠丝杠完成。工作台导轨采用传统平V导轨形式、砂轮进给采用直线导轨。砂轮转塔采用力矩电机加角度编码器的形式。

磨床采用模块化转塔式磨头，具备以下三种功能：

(1) 砂轮架可旋转，实现工件一次装夹、多工位加工。

(2) 可旋转砂轮架采用模块化设计方案，可根据用户使用需求选用不同的组合磨头。

(3) 具有C-X、C-Z联动功能，能够实现内圆、外圆、锥面和端面等特征面加工。

所开发机床为工作台移动式内外圆复合磨床，其总体布局为：床身结构为T型，床身后侧依次安放水冷机、液压油箱、电箱，左后侧安放冷却液箱。工件安装在工作台上，由头架、尾架支撑。砂轮进给装置放置在后床身上，直线进给方向与工作台垂直。转塔式砂轮架最大回转角度270°。该机床为创新性设计，其主要部件均为专用，如图2-4所示则为高精度轴系零件复合磨削中心结构。

(1) 床身。整体式结构。床身材料采用矿物铸件，具有卓越的吸震性；纵向导轨覆以耐磨材料，具有高载荷能力和优异的吸震性。

(2) 工作台。整体式结构，具有较高的刚性；工作台进给机构采用伺服电机直接驱动滚珠丝杠并控制工作台移动。

(3) 头架。体壳为整体式，不可回转；主轴可回转；伺服电机通过同步齿形带带动工件拨盘转动。

(4) 尾架。套筒进退均由液压控制，移动量为60 mm；顶尖为莫氏5#；尾架具有可调整头尾架连线锥度的功能。

(5) 砂轮进给系统。采用伺服电机直接驱动滚珠丝杠并控制砂轮架滑座移动；导轨采用直线滚柱钢导轨，定位精度高、耐磨。

(6) 砂轮架(转塔)。内外圆砂轮主轴均采用滚动电主轴系统；各主轴分布在转塔各竖直面上，通过转塔的回转实现当前砂轮的切换；转塔回转采用力矩电机，配备角度编码器及锁紧系统，保证转塔回转精度的同时满足切削刚度。

(7) 液压及润滑系统。采用独立的液压油箱及润滑油箱；液压系统完成尾架套筒进退、对刀架进退、转塔锁紧等一系列动作；润滑系统提供工作台和砂轮进给系统的润滑等功能。

(8) 电气系统。独立电箱，三相电源 380 V 50 Hz。

(9) 控制系统。采用华中 8 系列全数字数控系统，两轴联动控制。

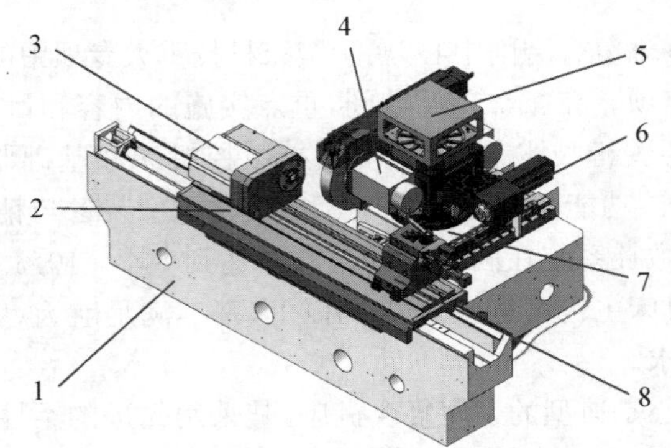

1—床身；2—工作台；3—头架；4—外圆磨头；5—砂轮转塔；6—内圆磨头；7—滑座；8—尾架

图 2-4 高精度轴系零件复合磨削中心结构

2.2.3 设计内容

1) 总体结构设计

综合分析精密轴类零件、盘类零件、轴套类零件的加工工艺特点，运用复合加工技术进行复合磨削工艺分析，总结上述不同结构特征精密零件对复合磨削中心的工艺、功能、性能、结构等的实际要求。对复合磨削中心进行全系列技术平台构建，研究磨削中心功能布局。基于横向模块化设计原则，开展系列功能部件的研究，实现一个功能区可互换配置不同结构和性能的功能部件；基于纵向模块化设计原则，开展全规格系列机床的结构与配置研究，实现同一研发平台上不同承载能力与尺寸规格机型的可重构配置。采用数字化设计建模技术、拓扑优化技术和有限元分析等现代设计技术进行产品结构与配置的优化，形成整机设计与制造技术框架体系。

2) 多磨头转塔设计

本机床包含转塔式多磨头砂轮架。其具体功能包括满足外圆、内圆、锥面和端面等磨削功能的砂轮磨头配置，砂轮架与头尾架的干涉规避。转塔式砂轮架在回转换位过程中，动力线、信号线、电机冷却液与磨削液供应管路布局要合理，同时要保证砂轮的动平衡以及整个砂轮架的热稳定与轻量化。通过对高精度分度机构的支撑技术、精细驱动技术以及测量反馈系统的研究，保证转塔式多磨头砂轮架精密分度 B 轴达到分辨率 0.000 1 度。

3) 头尾架设计

研究不同驱动方式的头架配置方案，包括力矩电机直驱模式与伺服电机万用头架驱动模式。对于非圆磨削，可选用力矩电机直驱模式，以提高 C 轴的回转精度，达到较高的回转速度，实现高效磨削。亦可选用伺服电机搭配活顶尖模式，同样可实现工件变速回转控制，使磨除率均衡，获得较好表面质量。对于精密外圆磨削，采用伺服电机死顶尖模式，可消除头架主轴回转误差对外圆磨削圆度的影响，从而获得高精度的外圆磨削精度。尾架结构采用模块化设计方式，根据用户需求，可在精密复合磨削中心选配普通手动控制尾架、液压控制尾架和伺服同步尾架。

4）复合磨削软件搭建

针对机床行业典型轴类零件的结构特征，研究开发典型磨削程序，具备外圆、内圆、端面、锥面等特征的磨削功能以及 C－X、C－Z 联动功能。根据复合磨削中心的结构配置与限位要求，建立机床的三维(3D)数字化模型，按照典型零件磨削过程中机床各轴的运动关系，建立匹配的运动学后置处理器，解释数控代码，实现加工前对典型磨削程序的虚拟仿真，检查转塔式砂轮架在工件磨削过程中与机床可能存在的运动干涉及结构碰撞。基于传感测试信号，研究精密复合磨削中心在运动过程中的接触报警与碰撞防护。

5）可靠性研究

机床的可靠性和精度稳定性与许多因素有关，包括机床材料、加工工艺以及装配工艺等。该课题将重点放在机床质量保证系统的研究上，从设计、制造、装配与整机检测多个环节，制订保证机床可靠性与精度稳定性的规范。在机床设计阶段，基于产品全生命周期管理理念，采用虚拟样机技术与有限元分析等现代设计手段，分析机床各关键部件的静-动-热态特性，保证机床的优化设计；在机床制造过程中，主要针对机床砂轮架主轴以及导轨系统等关键部件的制造，构建磨削中心关键部件以及整机的综合性能测试平台，制订质量检测规范，保证各关键部件的制造精度与匹配特性；在机床装配过程中，考虑机床性能衰变检测问题，通过在机床的重要部位安装传感器，监测机床的工作性能，保证机床始终工作在良好的状态；在整台机床完成装配后，按照机床质量检测规范，完成整机的性能试验与检测。

2.2.4　案例总结

伴随着对于国外高档复合磨床的研究及自身实验样机的搭建，上海机床厂有限公司已经初步形成了高精度轴系零件复合磨削中心的生产部署。由于该型机床所面对的行业非常广泛，众多使用场景并没有既有的解决方案，需要花费巨大的精力应对这些庞大的需求。开发、设计和制造高精度的车床，使我国从制造大国迈向制造强国，是工程技术人员的历史使命，也是当代大学生的历史使命。

2.3　静压导轨系统及其在精密磨床中的应用

2.3.1　技术背景

超精密加工技术涵盖了超精密车削技术、超精密铣削技术、超精密磨削技术、表面镜面抛光技术和超精密特种加工技术等，这几种超精密加工技术的共性技术之一就是超精密机床技术。为了实现高精度的要求，国内外机床结构中的进给运动一般采用高运动精度的气体或液体静压导轨实现。

对于静压支承的研究，国外起步得很早。1878 年，在巴黎国际博览会上，液压支承的雏形——“近于无摩擦支座”，以展品的形式出现在人们的视野。20 世纪 60 年代，在美国国防和能源部门的支持下，劳伦斯利弗莫尔国家实验室(Lawrence Livermore National Laboratory，LLNL)，于 1984 年研制出一台立式大型光学金刚石车床(Large Optics Diamond Turning Machine，LODTM)，如图 2-5 所示，机床可加工直径为 2.1 m、重为 4.5 t 的工件，采用高压液体静压导轨，在 1.07 m×1.12 m 范围内直线度误差小于 0.025 μm，位移误差不超过 0.013 μm。该机床可加工平面、球面和非球面，主要用于加工激光核聚变工程所需的零件、红外线装置用的零件和大型天体反射镜等。

图 2-5 立式大型光学金刚石车床(LODTM)

美国 Moore Nanotechnology System 公司以生产超精密金刚石车床和确定性磨削装置而著称，2000 年生产的五轴联动 Nanotech500FG 超精密机床，采用空气轴承和液体静压导轨技术，由无刷直线电机驱动，实现了定位精度 0.3 μm，工件加工直线度误差不大于 0.025 μm/300 mm。

当今世界上精密工程的研究中心之一、英国克兰菲尔德技术学院所属的克兰菲尔德精密工程研究所，于 1989 年研制成功了 OAGM 2500 大型非球面超精密磨床，如图 2-6 所示。机床最大加工尺寸 2 500 mm×2 500 mm×610 mm，具有 ϕ2 500 mm 的高精度回转工作台，主要用于加工天文望远镜的镜片等。机床采用液体静压导轨和空气轴承，使得加工精度达到

图 2-6 OAGM 2500 大型超精密磨床

了 0.1 μm，粗糙度达到 10 nm。

德国 Kern 公司所开发的 Pyramid Nano 超精密微细加工中心，其进给系统的三个轴均采用油液静压导轨，并使用油静压螺杆驱动，其整机可达纳米级、定位精度至±0.3 μm，加工件表面粗糙度达 0.05 μm。日本在超精密加工技术领域的研究虽然相对于英、美起步较晚，在 20 世纪 70 年代中期才开始，但发展却是非常迅速，且产品开发侧重于民用；如大森整教授等人将超精密油静压驱动系统应用于超精密多轴镜面加工机床上，位置精度分辨率达到 10 nm，加工工件粗糙度达到 *Ra*7 nm。

我国从 20 世纪 50 年代末开始对静压支承进行大量的研究工作。1958 年上海机床厂有限公司开展了静压技术方面的研究，随后成功地将我国第一套静压轴承应用于高精度外圆磨床的砂轮架主轴上，使得其加工零件精度达到了 0.1 μm。北京航空精密机械研究所成功研制了 Nanosys 300 非球面曲面超精密复合加工系统，如图 2－7 所示，该系统采用以工控 PC 为平台，以纳米级坐标测量与伺服控制系统、超精密高速空气静压主轴系统、超精密高刚性高阻尼闭式液体静压导轨系统等为核心，具有数控机床（CNC）车削、磨削、铣削等多种加工功能，可对球面、非球面和超平面等形状零件进行纳米级超精密镜面加工。

图 2－7　Nanosys 300 系统

光学玻璃是应用于激光技术、光电通信、航空航天和国防工业等领域的光学元件。现代光学工业对光学玻璃提出了精度高、需求量大等苛刻要求。从精度方面，要求光学玻璃具有面形精度高（≤0.1 μm）、表面粗糙度低（≤12 nm）以及亚表面裂纹少的特点；从需求量方面，以激光核聚变装置所需的光学玻璃为例，美国国家点火装置（National Ignition Facility，NIF）的光学系统将使用 7 000 多件大口径光学元件（口径大于 400 mm×400 mm）。根据我国《国家中长期科学和技术发展规划纲要（2006—2020）》，重大专项之一的“惯性约束聚变点火工程”中，“神光-Ⅳ”激光装置需要数万件高精度光学元件。针对大尺寸平面光学玻璃零件，如激光（钕）玻璃、熔石英等加工的需要，上海机床厂有限公司联合哈尔滨工业大学、上海交通大学、上海理工大学承担了“高档数控机床与基础制造装备”科技重大专项课题，其任务是研制相关的超精密大尺寸平面磨削加工机床。由于液体静压导轨具有承载能力大、油膜刚性高、吸振性好、运动平稳等优点，在机床结构中优先采用液体静压技术。

2.3.2 工程原理

根据液体静压导轨的工作环境和所承受载荷的情况不同，其结构形式上有开式和闭式之分，如图 2-8 所示。开式导轨依靠运动件自重和外载荷来保持运动件不从床身上分离，显而易见，开式导轨只能承受单向载荷，承受偏载和倾覆力矩的能力差。相反，闭式导轨不仅仅依靠运动件的自重和外载荷，同时其自身封闭的结构形式也可以保证运动件不从床身上分离，通过在上、下导轨面开设油腔承受双向外载荷，承受偏载和倾覆力矩的能力明显提高。目前静压导轨的驱动有两种：直线电机直接驱动和伺服电机通过滚珠丝杠的间接驱动。直线电机直接驱动具有运动惯量小、动态响应快等特点，其主要问题是电机发热问题。伺服电机间接驱动由于受滚珠丝杠动态响应的影响，性能难以提升太多。这两种驱动形式各有各的优点，结构设计时都要考虑，对于动态响应要求高的地方，优先选用直线电机。

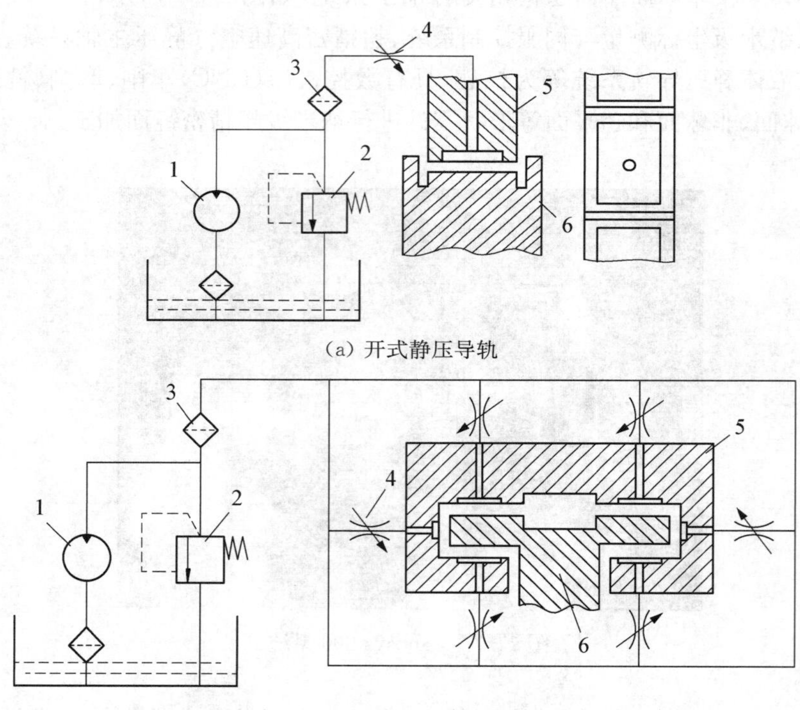

1—液压泵；2—溢流阀；3—滤油器；4—节流阀；5—工作台；6—床身导轨

图 2-8 开式和闭式静压导轨原理图

超精密大尺寸光学玻璃的磨削主要是上下两个平面的加工，专用磨床采用龙门式卧轴矩台的结构布局方式，其结构如图 2-9 所示。工作台实现 X 轴的运动，龙门式双立柱横梁实现砂轮架 Y 轴和 Z 轴运动，砂轮架底部挂有静压电主轴系统，实现主轴主运动。

与铸铁相比，花岗岩在尺寸稳定性、热膨胀系数、振动衰减能力、硬度、耐磨性和抗腐蚀性等方面的性能优越，床身、工作台面和横梁选用了整体花岗岩结构。为了实现工作台在床身上大行程、平稳、可靠的 X 轴往复运动，在传统闭式静压导轨的基础上开发了高刚性、高精度的直线电机直接驱动的大平面闭式静压导轨。除此之外，以半闭式静压导轨结构将砂轮架的滑座支撑在大理石横梁上，实现机床的 Z 轴运动；砂轮架结构中，以闭式静压导轨将体

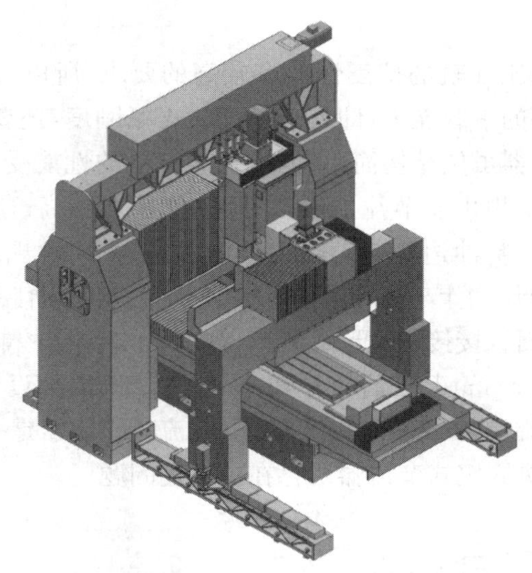

图 2-9　超精密大尺寸光学玻璃平面磨床结构

壳支撑在滑座上，实现机床的 Y 轴运动。

机床采用了在线电解修整（electrolytic in-process dressing，ELID）技术，以实现光学玻璃等硬脆材料的塑性域磨削。同时机床配备了激光干涉仪作为加工精度的在位测量系统，通过机床台面运动和测量拖板横向运动，使激光干涉仪的镜头可以扫描所有加工面积。当机床进行磨削加工时，测量横梁可以运动到加工范围以外。机床主要技术规格参数见表 2-2。

表 2-2　机床主要技术规格参数

工作台面尺寸	1 300×500 mm
工作台最大纵向行程	1 700 mm
砂轮最大垂直行程	240 mm
滑座最大横向行程	960 mm
砂轮最大使用直径	350 mm
砂轮最小使用直径	270 mm
砂轮最大宽度	40 mm
砂轮最大转速	8 000 r/min
砂轮切削速度	20～120 m/s
工件最大重量（含夹具）	300 kg
机床加工零件规格	450 mm×1 200 mm
机床主轴轴向、径向跳动	≤0.2 μm
加工表面粗糙度	Ra≤10 nm
加工工件的面形精度（表面平度）	3 μm

2.3.3 设计内容

由于高精密磨床对静压导轨的抗震性能有较高的要求，所以节流器选型的关键是不仅要保证静压导轨具有足够的承载能力，即具有够高的支撑刚度，还要使静压导轨具有良好的动静态特性。固定式节流器虽然结构简单，但小孔节流器的性能受温度影响很大、毛细管节流器有容易堵塞的缺点；常规可变节流器中，滑阀的使用成本高，薄膜控制不好容易出现负刚度。当油膜间隙变小后，封油边的节流阻力增加，如果采用常规的节流器，此时油腔压力一般呈现上升趋势。油腔压力上升引起的流量增加无法弥补油膜间隙减小引起的流量减少，最终有可能造成导轨面直接接触而形成爬行现象。PM 流量控制器是世界上顶级的静压功能部件供应商德国 Hyprostatik 公司的专利产品，其结构内部设置有毛细沟槽，可反馈控制薄膜的变形，进而控制流量(图 2-10)。因此，PM 流量控制器是一种流量随着油腔压力升高而增大的节流器，可解决固定式节流器所存在的上述问题。

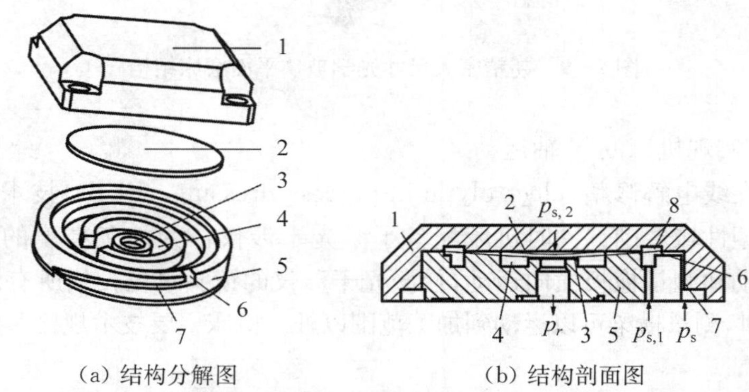

(a) 结构分解图　　(b) 结构剖面图

1—外壳；2—薄膜；3—节流台；4—稳压腔室；5—本体；6—节流口；7—毛细沟槽；8—调节腔室

图 2-10　PM 流量控制器结构

为了确保机床研制成功，机床总体设计为自主研发，静压导轨结构内部结构设计和参数计算由德国 Hyprostatik 公司提供，其他零件的结构设计为自主研发。

机床总体设计的要点是为静压导轨结构留出相应的设计空间，其设计的难点主要体现在 PM 流量控制器下油腔结构的参数计算，不仅需要导轨在承受机床整个外载下具有一定的油膜刚性，而且需要导轨具有一定的响应速度来满足机床运动的需求。

根据机床总体设计要求，构建了整机的三维模型，由此得到了工作台静压导轨结构的设计参数，见表 2-3。

表 2-3　静压导轨设计参数

X 轴主导轨	工作台自身重量	1195 kg
	最大工件重量	200 kg
	工作台最大速度	20 m/min
	工作台刚度	2500 N/μm(Y 方向)；1000 N/μm(Z 方向)
	工作台跳动(Y 方向)	≤1 μm

（续表）

X 轴直线电机导轨	导轨移动件重量	66 kg
	直线电机移动件重量	33.1 kg
	直线电机磁性吸力	20 600 N
	导轨移动件最大速度	20 m/min
	导轨移动件刚度	250 N/μm(Y 方向)；100 N/μm(Z 方向)
	导轨移动件跳动	≤1 μm(Y 方向)
Z 轴横梁导轨	整体重量	1 840 kg
	最大速度	10 m/min
	油膜刚度	2 500 N/μm(Y 方向)；1 000 N/μm(X 方向)
	跳动	≤1 μm(X 和 Y 两个方向)
Y 轴砂轮架导轨	整体重量	780 kg
	最大速度	1 m/min
	油膜刚度	1 000 N/μm(Z 方向)；1 000 N/μm(X 方向)
	跳动	≤1 μm(X 和 Z 两个方向)

再基于总体设计形成的三维结构，获取相关部件的重量信息，建立上述各个静压导轨的力学分析模型，并进行受力分析。设计完成后，进行生产、加工和制造，其中有关静压导轨的装配过程如下所述。

1）工作台闭式静压导轨的装配

工作台导轨装配过程如图 2-11 所示，将床身校水平后，按公司工艺处出具的装配工艺文件依次装配零件，每个关键步骤进行精度测量。由于相关零件主要外购，装配过程的重点是对油膜间隙进行控制。

图 2-11 工作台导轨装配过程

2）Y 轴静压导轨装配

Y 轴砂轮架静压导轨装配过程如图 2-12 所示，由于零件主要是自制，采用了刮削的方法，按《金属切削机床　装配通用技术条件》(GB/T 25373—2010)要求考核结合面，这里的接触点数是不小于16点/25 mm^2。做好配刮后，先进行常规状态的油膜刚性和油腔压力性能测试并达到要求；再安装到机床上进行实际测试，通过测量的油腔压力数据找出装配中存在的问题进行分析，通过刮削调整静压导轨每个油腔的油膜间隙参数，最终使其满足设计要求。

(a) 刮研导轨面

(b) 修刮后的 Y 轴静压导轨常规测试

(c) 修刮后的 Y 轴导轨上机在位测试

图2-12　Y 轴砂轮架静压导轨装配过程

3) Z 轴横梁半闭式静压导轨装配

由于横梁为大理石结构，其零件精度直接由供应商保证，而滑座和压板为自制件，采用刮研方法，和 Y 轴静压导轨装配一样，如图2-13所示，接触面按《金属切削机床　装配通用技术条件》要求进行考核。

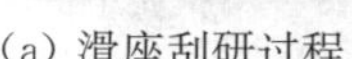

(a) 滑座刮研过程

(b) 修刮压板

图 2-13　滑座刮研

机床整机装配完成后进行调试(图 2-14)。然后按公司企业标准开展尺寸为 1200 mm×450 mm 的钢件和铸铁件的试磨，如图 2-15 所示，从而完成机床加工性能的考核。

图 2-14　机床整机调试

(a) 钢件试磨

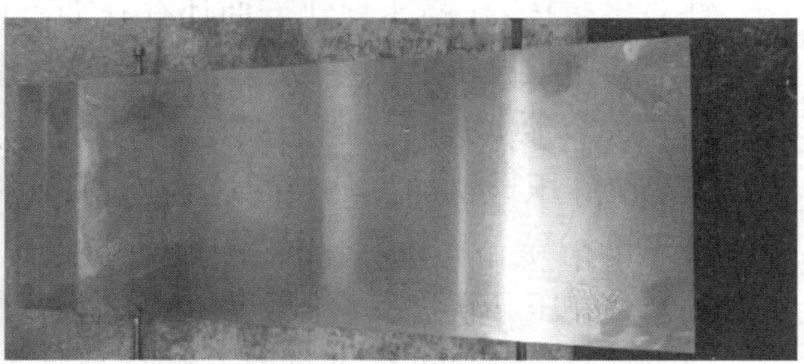

(b) 铸铁件试磨

图 2-15　试磨

最后对光学玻璃进行磨削(图 2－16),并利用平面度检测仪和粗糙度仪进行检测(图 2－17),检测结果表明该机床设计达到了设计要求。

图 2－16 玻璃的磨削

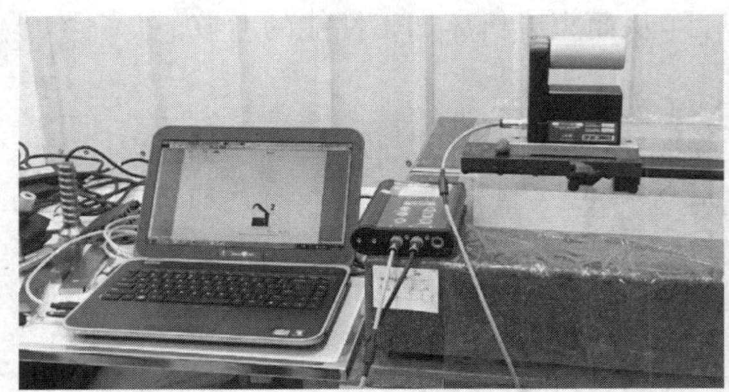

(a) 平面度检测仪

(b) 粗糙度仪

图 2－17 磨削检测

2.3.4 案例总结

利用静压导轨技术自主研发的超精密大尺寸光学玻璃平面磨床,为生产大尺寸光学玻璃提供了设备,填补了我国缺少相关装备的空白。但由于任务合同书签订的示范用户自身工艺流程的改变,目前还未进行光学玻璃大批量生产的实际加工,后续有机会将继续推进。

针对该机床,在静压导轨方面还存在如下待深入研究的内容:

(1) 对静压导轨结构参数进行反演计算,形成相关设计理论;同时,在设计理论中对国内常用的几种节流器进行应用拓展。

(2) 在静压导轨加工与装配过程中,将尺寸链公差分配技术进行应用,为零件加工和检验提供理论指导。

(3) 对静压导轨进行有限元仿真,根据仿真结果提升现有机床的性能。

(4) 对静压导轨进行可靠性和精度保持性评价,确保机床在长期加工过程中处于稳定状态。

2.4　MK8220/SD 数控随动曲轴磨床

2.4.1　技术背景

曲轴与凸轮轴是汽车发动机上的关键零件，需求量大，组成要素多，轮廓形状复杂，精度要求高，其加工质量直接影响发动机的工作性能。汽车发动机曲轴和凸轮轴安装示意图如图 2－18 所示。磨削加工作为曲轴与凸轮轴生产的精加工工序，决定了曲轴与凸轮轴的最终加工质量。汽车发动机生产线生产节拍快，连续工作周期长，对产品加工质量稳定性要求高，从而对汽车发动机生产线曲轴磨床、凸轮轴磨床提出了高精度、高效率、高可靠性及高柔性的要求。

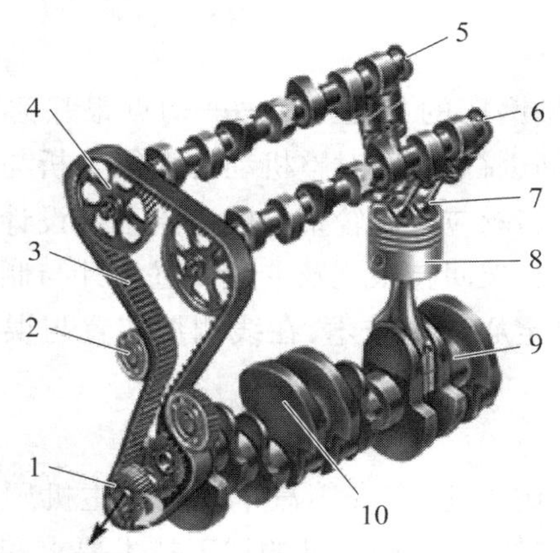

1—曲轴带轮；2—皮带张紧轮；3—正时皮带；4—进气凸轮轴带轮；5—进气凸轮轴；6—排气凸轮轴；7—排气门；8—活塞；9—曲轴；10—曲轴平衡块

图 2－18　汽车发动机曲轴和凸轮轴安装示意图

目前，我国汽车发动机生产线所用的曲轴磨床、凸轮轴磨床几乎全部从国外进口，主要供应商有英国 Landis 公司、德国 JUNKER 公司和 SCHAUDT 公司等。英国 Landis 公司采用立方氮化硼(CBN)砂轮和直线电机伺服驱动技术实现了曲轴的切点跟踪磨削加工，其开发出的 LT2 曲轴磨床的磨削精度大大优于传统磨床的磨削精度，磨削后连杆颈的圆度高达 1～2 μm。德国 JUNKER 公司生产的 JUCAM 系列凸轮轴磨床为凸轮轴的整体加工提供了全面的解决方案。此外，日本丰田工机、日平富山公司均已生产出面向汽车发动机曲轴、凸轮轴的切点跟踪磨床。

汽车曲轴和凸轮轴生产线的快节拍、长期无故障连续运行、高工艺能力指数要求对生产线中用的曲轴、凸轮轴磨床提出了更高的技术挑战。本磨床研发项目的实施，将有助于提高我国在随动磨削技术及相关工艺装备的研发能力和可靠性水平，为汽车曲轴、凸轮轴磨床代替进口提供技术支撑与保证。国内仅有少数几家大型磨床制造企业通过多年研究完成了该类机床的研制，图 2－19 为上海机床厂有限公司开发的数控曲轴磨床。

图 2-19 上海机床厂有限公司开发的数控曲轴磨床

2.4.2 工程原理

利用数控曲轴和凸轮轴磨床的共性技术——切点跟踪磨削控制技术，对数控曲轴磨床和凸轮轴磨床总体结构布局进行设计，对整机动态性能分析与优化；在设计过程中还用到机电匹配性能优化技术、高动态响应双砂轮架双向进给系统设计与制造技术、闭式静压导轨及直线电机驱动技术、高精度头架回转系统及卡盘装置设计与制造技术、曲轴和凸轮轴快速精确定位技术、高精度液压自定心支撑技术、在线测量装置与误差补偿技术等，以实现数控曲轴磨削的切点跟踪。

2.4.3 设计内容

研发人员先后到奇瑞、比亚迪、东安等汽车发动机主机厂进行考察和调研，收集了近百种凸轮轴的相关技术资料，对发动机凸轮轴的加工技术要求和工艺特性进行了分析和归类，根据不同种类和加工要求的凸轮轴精加工工序，研究凸轮轮廓型面及外圆磨削工艺的共性和特殊要求。针对凸轮轴传统加工工序多次定位、加工效率低、加工精度不高的现状，进行凸轮轴加工工序的优化组合。

凸轮轴的精密加工(磨削)工序的要素包括：①凸轮轮廓：包括外凸型轮廓型面，内凹型轮廓型面，扇形轮廓型面，单直线轮廓型面，偏心圆轮廓型面等；②外圆：包括轴颈圆，止推圆，齿轮安装圆柱面，轴承安装圆柱面等；③其他：包括带锥外圆，止推端面，凸轮倒角等。

综合考虑磨削效率、加工精度、加工柔性、工序复合以及机床经济性等要求，采用模块化设计理念，将各种磨削工序在机床上分解为四个功能模块，并按照用户需求和零件特点，进行不同的选配，从而可以通过增减功能模块，将凸轮磨削、凹面凸轮磨削、轴颈外圆磨削、锥面磨削、端面磨削的工序集成在一台或少量几台的机床上，通过一次定位，多个砂轮选择，来完成以上工序的高精度加工。

随动曲轴磨床研发的总体目标是利用前期数控专项课题成果，开展曲轴、凸轮轴磨床可靠性研究及关键部件使用寿命研究，开发相关磨削用户工艺软件、磨削技术支持软件和异型轮廓磨削软件。

MK8220/SD 随动曲轴磨床，配置双砂轮架并能在一次装夹下实现曲轴主轴颈和连杆颈的外圆磨削(图 2-20)。机床针对乘用车、货车动力总成厂的曲轴磨削加工进行了配置，适用于发动机曲轴生产线中四缸机、六缸机的曲轴磨削。为此，CBN 砂轮技术和随动磨削技术已成为本机床的标准配置。X 轴、Z 轴运用了直线电机驱动技术，采用静压导轨，为随动磨削能提供高性能的动态特性；采用金刚滚轮修整陶瓷结合剂的 CBN 砂轮，自动曝光（automatic exposure，AE）监控自动修整，提高了加工效率。机床采用十字拖板移动式布局，减少了设备的占地面积；使用双砂轮架，在一次装夹下能同时磨削曲轴主轴颈和连杆颈，缩短了加工节拍；另外还配备了在线测量、自定心中心架、冷却液过滤装置和烟雾集尘装置等。

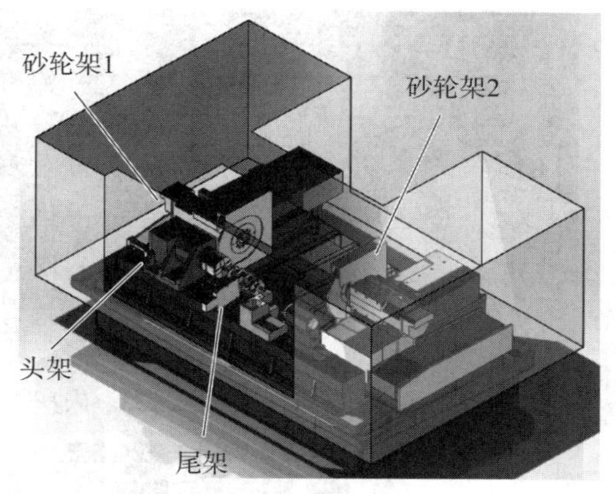

图 2 - 20　双砂轮主轴系统的设计方案

机床采用卧式布局，砂轮架拖板移动，双砂轮架形式，主要部件结构介绍如下。

1）床身

床身是机床的安装底座，为了满足强度和硬度要求，床身由铸铁制成。机床床身上有床身导轨，与位于机床前侧的工作台安装面相平行（图 2 - 21）。十字拖板可沿床身导轨横向移动，靠近工作台一侧的床身导轨安装面是导轨的标准面。机床床身不仅是机床所有主机械单元安装基座，也是机床防护板/门的安装基座。

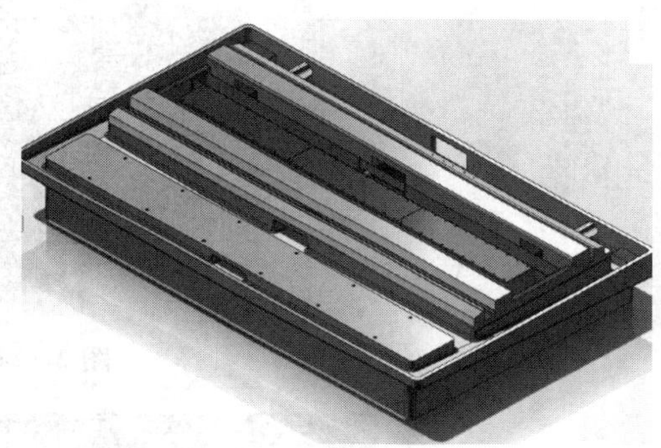

图 2 - 21　机床床身

床身结构装配体用于支撑头架、尾架与双十字托板，原有方案三维模型如图 2 - 22 所示，其材料为 HT350（密度 7.3×10^{-9} t/mm^3，弹性模量 145 000 MPa，泊松比 0.27），重量 6.67 t。

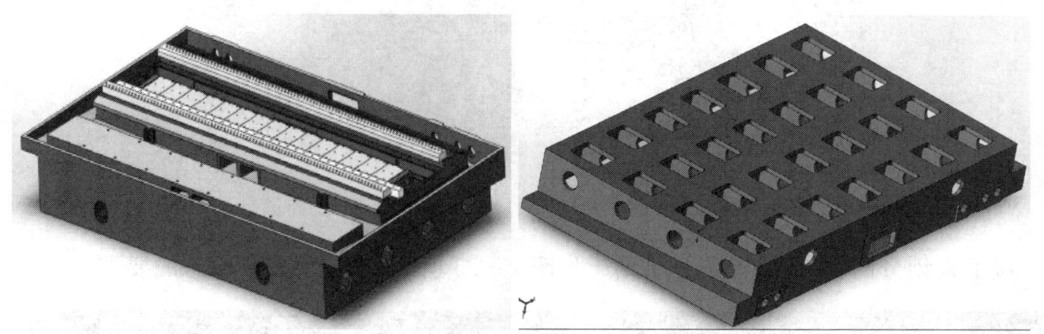

图 2 - 22　床身结构原有方案三维模型

通过对该模型进行模态分析，显示第一阶固有频率为 110 Hz（模态振型如图 2 - 23 所示），不满足电机所提出的主要部件一阶频率不低于 120 Hz 的要求。

针对原有方案进行优化分析，优化三要素包括：优化目标为最小体积（重量）；设计变量即为设计区域；设计约束条件为一阶频率不低于 120 Hz。床身非设计区域如图 2 - 24 所示。将各侧孔洞封闭起来作为设计区域，如图 2 - 25 所示。

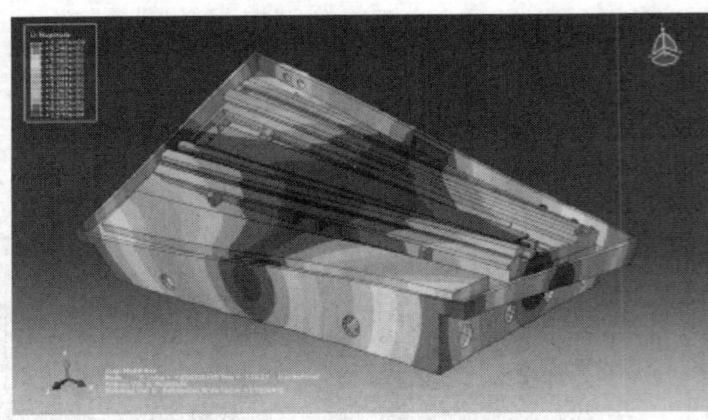

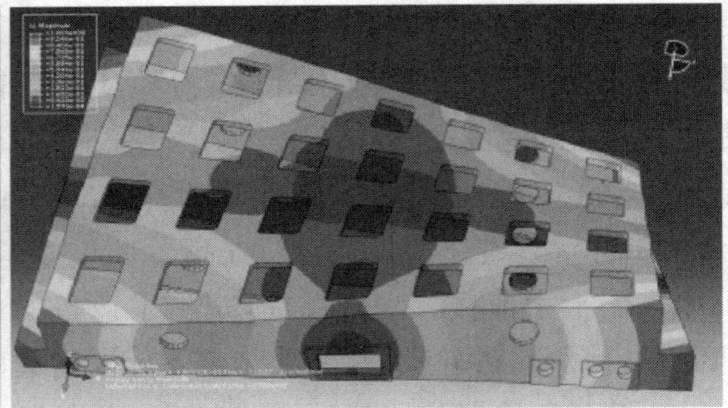

图 2-23　床身结构原有方案第一阶模态振型

图 2-24　床身非设计区域

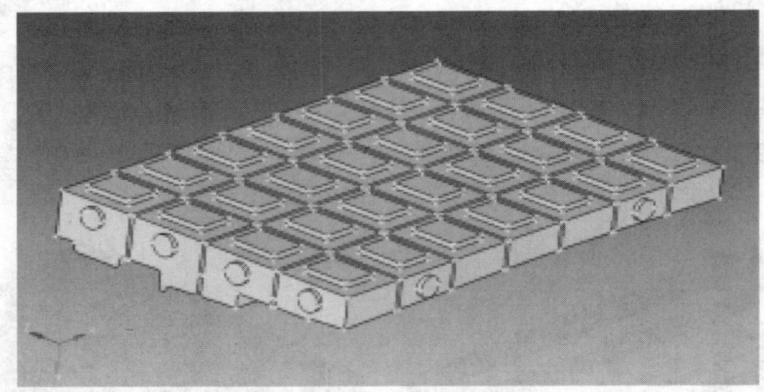

图 2-25　床身设计区域

接下来划分网格，床身模态分析结果如图 2-26 所示，满足第一阶模态的要求。

图 2-26　床身模态分析结果

分析优化结果可知，减小底部开孔可以提高低阶模态频率，为此，在充分考虑结构工艺性前提下可将底部开孔从方孔改为圆孔，床身结构改进示意图如图 2-27 所示。

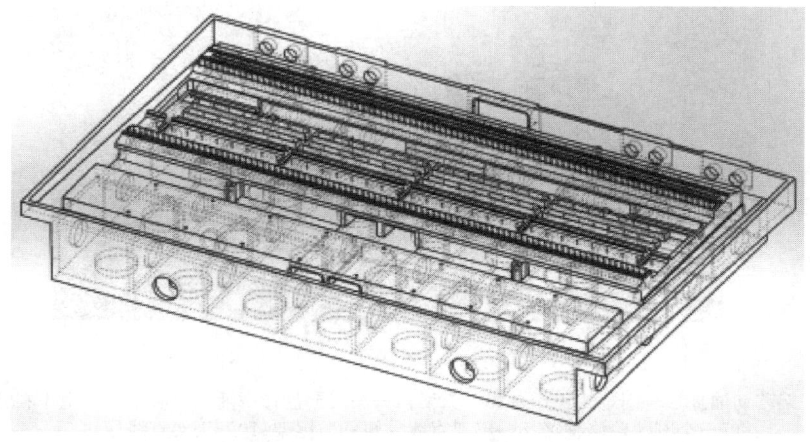

图 2-27　床身结构改进示意图

重新用 Hypermesh 划分网格，并导入 Abaqus 求解，床身结构优化结果如图 2-28 所示，其一阶频率就提高到了 135.5 Hz，重量也仅增加了 240 kg。

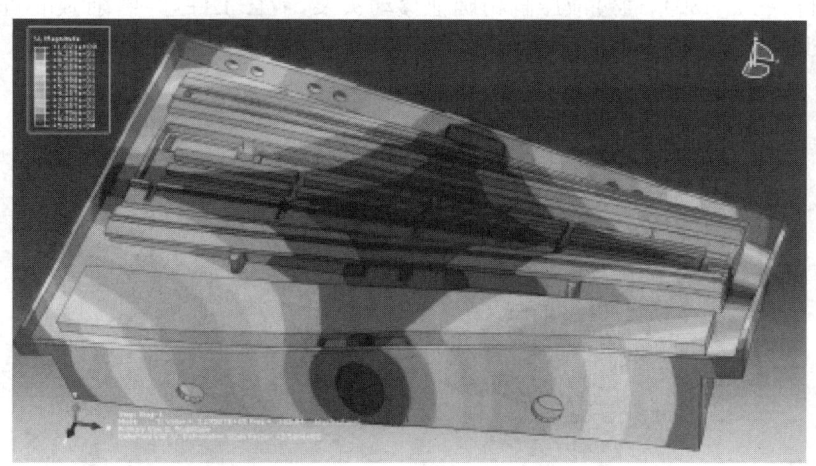

图 2-28　床身结构优化结果

2）工作台

工作台位于机床前侧，通过螺栓和定位销安装在床身前侧被加工好的安装面上。其基准面与拖板导轨的基准面平行，保证工件轴芯与砂轮主轴轴芯对中。工作台提供刚性支撑，为头架、尾架、中心架、上下料托架、金刚滚轮修整器提供公用的底座（图 2-29）。工作台顶部有两个高精度的平行平面和相邻高精度靠山面来保证安装以及直线导轨的平行度。头架、尾架等部件都安装在滑动块上，滑动块安装在直线导轨上，并可沿直线导轨轴向移动。头架和尾架中心（即加工轴线）靠近工作台的后侧，可以改善对工件的支撑，使加工轴线更靠近砂轮，相对远离工作台。这样，砂轮就更容易穿过加工轴线（过中心），在磨削曲轴连杆颈时还可以避免磨削产生的火花对工作台造成损坏。

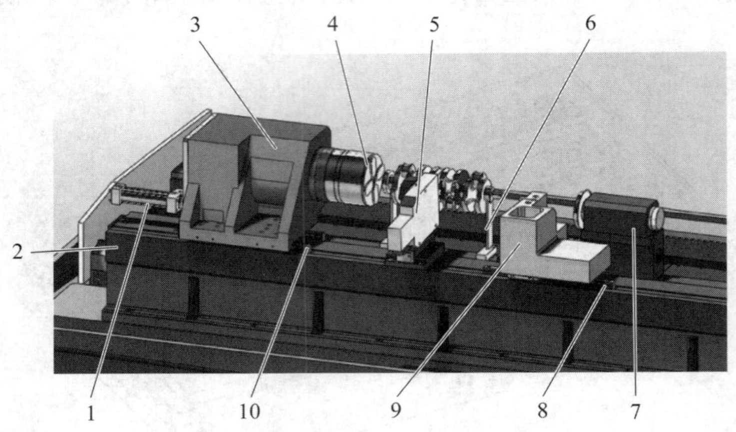

1—头架移动油缸；2—固定式工作台；3—头架；4—头架卡盘；5—液压中心架；6—上下料托架；
7—金刚滚轮修整器；8—尾架直线导轨；9—尾架；10—头架直线导轨

图 2-29 工作台及其支撑相关结构

3）头架

头架移动机构位于头架后侧，安装在工作台直线导轨安装面之上，保证头架主轴和砂轮主轴相互平行(图 2-30)，通过液压缸精确地移动头架，啮合工件，为磨削做准备以及在磨削循环结束后退回。头架运动及定位由安装在工作台末端的头架移动机构完成。

图 2-30 头架

四爪卡盘安装面与头架主轴轴线相互垂直，通过定位销保证四爪卡盘的角度。头架前后端均安装了角接触球轴承，保证主轴绕中心线平滑无振动旋转。

伺服电机直接安装在头架主轴上，伺服电机的永磁转子安装在头架体壳，而其定子安装在头架主轴。主轴后侧安装圆光栅形成一个精确的闭环控制系统。

4）尾架

尾架安装在工作台直线导轨的滑块上，可沿直线导轨轴向移动(图 2-31)。液压缸通过活塞杆与尾架体壳相连接，从而驱动尾架前进或后退，由安装在工作台前侧的编码器控制尾架位置。尾架顶尖通过侧边和底边两块垫片保证与头架顶尖对中。

5）砂轮架

本机床有两个完全相同的砂轮架（图 2-32），位于十字拖板导轨上。砂轮架主轴系统采用电主轴。主轴电机由交流变频器控制转速并与数控系统相连，通过数控系统对砂轮直径的监测从而实现砂轮恒线速。

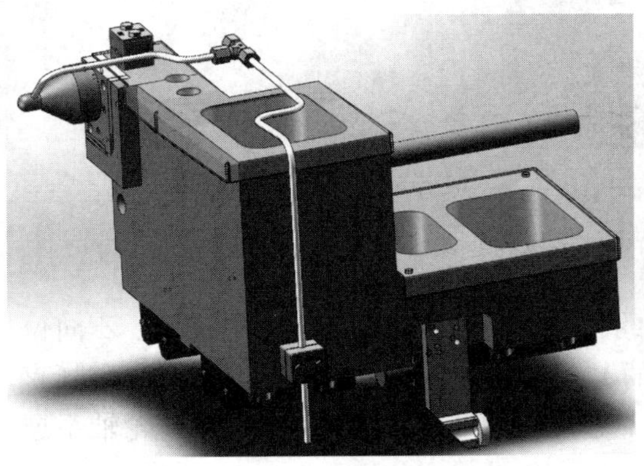

图 2-31　尾架

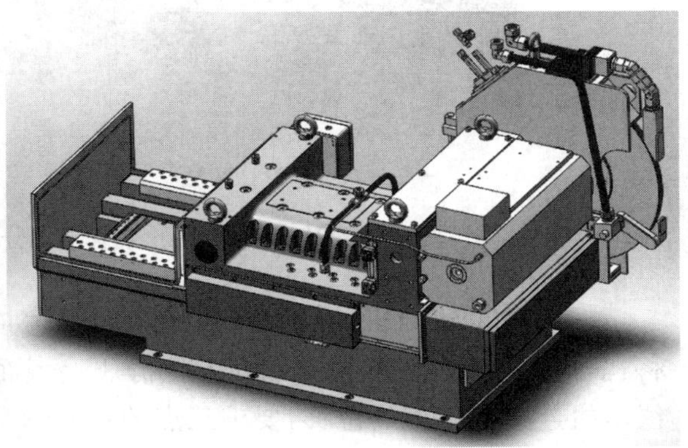

图 2-32　砂轮架

曲轴的切点跟踪过程对砂轮架进给提出了很高的要求，特别是在进给最大加速度方面，由此也对砂轮架结构轻量化设计提出了挑战。

所开发的数控曲轴磨床砂轮架采用直线电机驱动，最大加速度设计参数为 5 m/s^2（即 0.5g），要求砂轮架总体最大重量在 750 kg 左右，如果超重则可能导致连杆颈磨削的严重超差。

在 Altair Optistruct 中对原有砂轮架装配体结构进行拓扑优化，为了减少计算量，对模型做了适当简化，砂轮架结构优化设置如图 2-33 所示，用质量点模拟砂轮轴系。根据优化三要素，优化设定主要包括：优化目标为最小体积（重量）；设计变量即为设计区域；设计约束条件为直线电机吸引力与重力作用下砂轮架体壳与直线电机连接处及与轴系连接处附近变形量不超过 2 μm，且一阶频率不低于 120 Hz。图 2-33 砂轮架模型中的非设计区域和设计区域如图 2-34 所示。

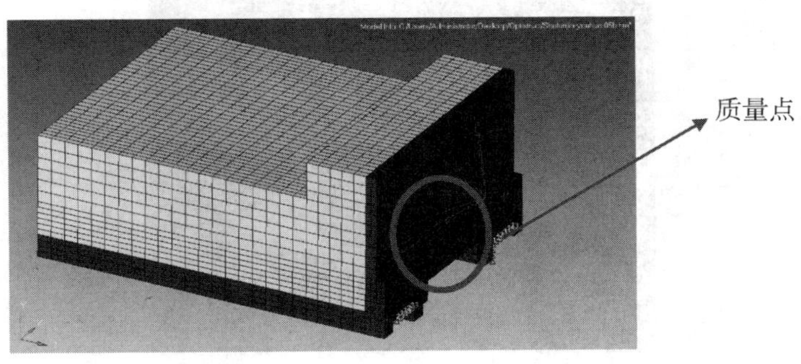

图 2-33　砂轮架结构优化设置

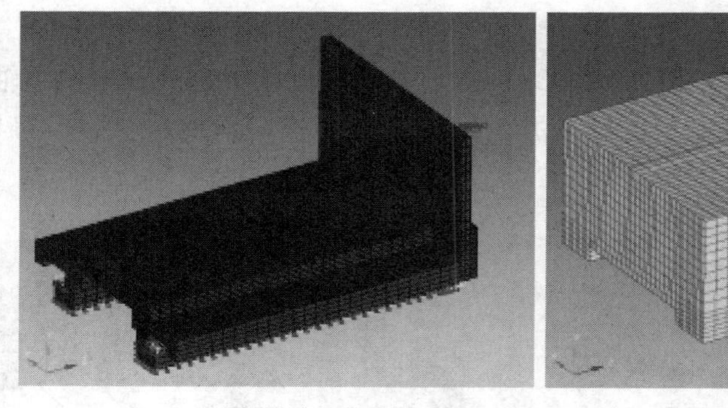

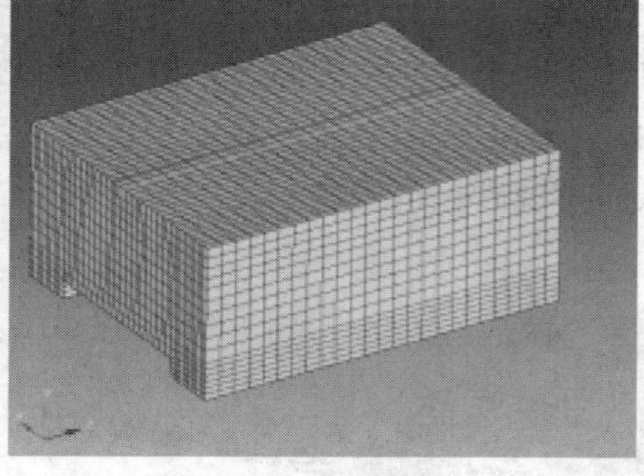

(a) 非设计区域

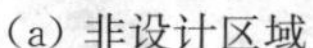

(b) 设计区域

图 2-34 砂轮架有限元分析设计区域和非设计区域

根据砂轮架静压导轨的实际约束情况完成约束，分别约束右侧静压上表面 Y、Z 向位移，右侧侧面的 X 向位移，以及左侧静压上表面的 Y、Z 向位移。之后建立底面约束，包括直线电机连接面三点的位移，要求三点的总变形量不超过 0.002 mm。约束还包括砂轮轴系连接面三点的位移，要求三点的位移总量同样不超过 0.002 mm。

直接进行优化求解得到的结果如图 2-35 所示。从结果中可以看出砂轮架的中间所需肋板的数量，且肋板与砂轮轴系的连接面通过加强筋连接，增强了结构的刚性。

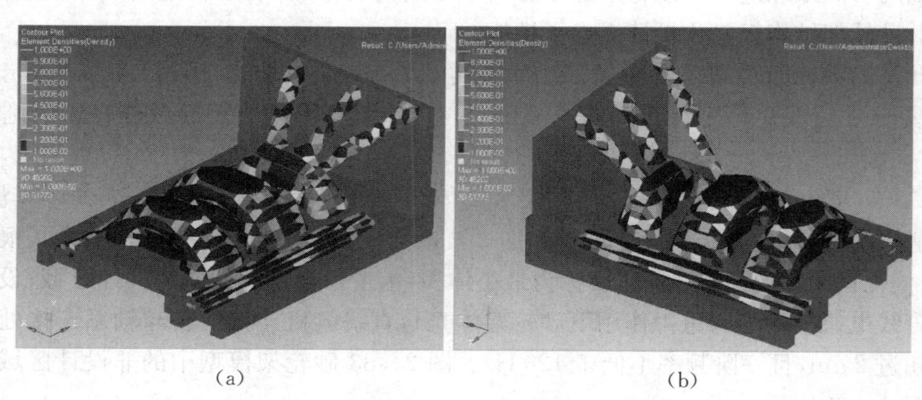

(a)　　(b)

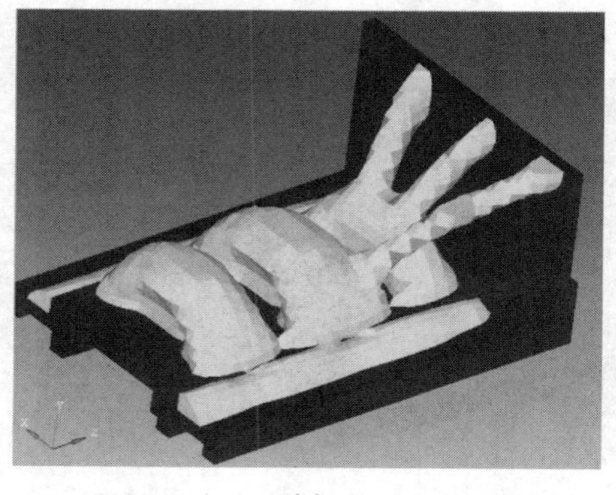

(c)

图 2-35 砂轮架初步优化结果

结合曲轴磨床砂轮架的设计受力情况对优化结果进行分析，可以确定优化结果与实际预想结果是比较一致的，不过需要对结构工艺性做更进一步的优化分析。

从图 2-35 中可以看出结果对称性较差，因而增加左右两侧的对称约束，优化结果如图 2-36 所示。

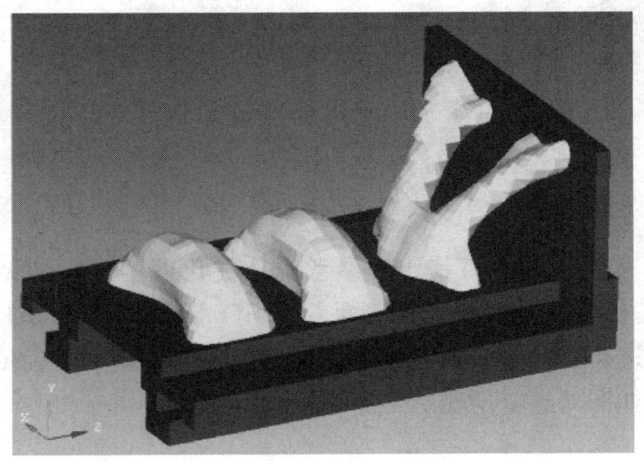

图 2-36　砂轮架添加对称性要求后的优化结果

优化结果保持了严格的对称要求，肋板与砂轮轴系连接面的加强筋由三处较小的位置变成两处较大的位置。

上述结果均与预期结果吻合，通过未施加对称约束优化设计结果及施加对称约束优化设计结果分析，基本确定了砂轮架结构优化的方向。

为了获得更理想的优化结果，将非设计区域直接设定为筒子形状，设计区域为其余部分，优化目标、各分析工况设计约束与初次优化分析一致，并从实际设计角度增加 *YZ* 平面对称约束，如图 2-37 所示。优化分析结果如图 2-38 所示。

从优化分析结果可以看出，需要在包壳式结构中增加三处加强筋，并在砂轮轴系与砂轮架连接位置再增加两条加强筋，可以很好地满足砂轮架的轻量化设计要求。

图 2-37　砂轮架有限元模型增加约束

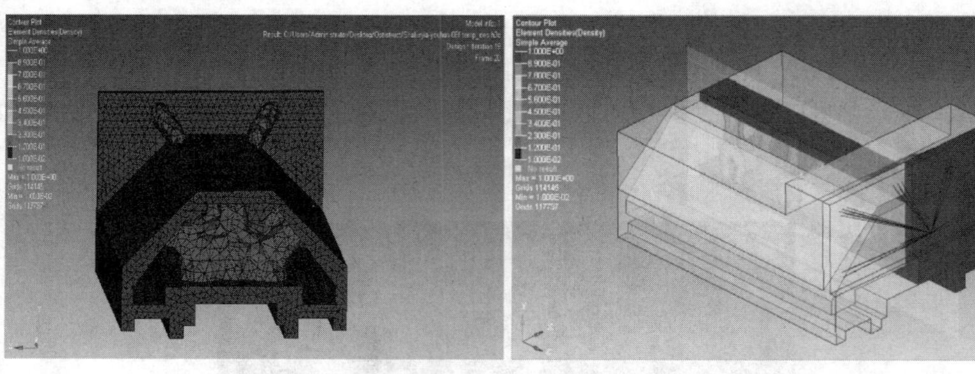

图 2-38 增加约束后的砂轮架优化结果

将设计结果导出 igs 文件，并将其作为参考设计优化后的砂轮架结构，砂轮架体壳三维模型如图 2-39 所示，优化后的砂轮架体壳重量从 450 kg 减少到 359 kg，减重比约为 20%，重新对砂轮架装配体进行静力学分析与模态分析验证，结果显示均满足设计要求，砂轮架体壳结构模态分析结果如图 2-40 所示。

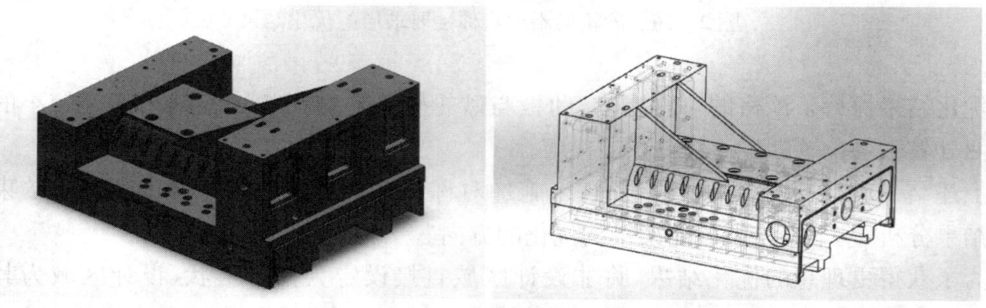

图 2-39 优化后的砂轮架体壳结构

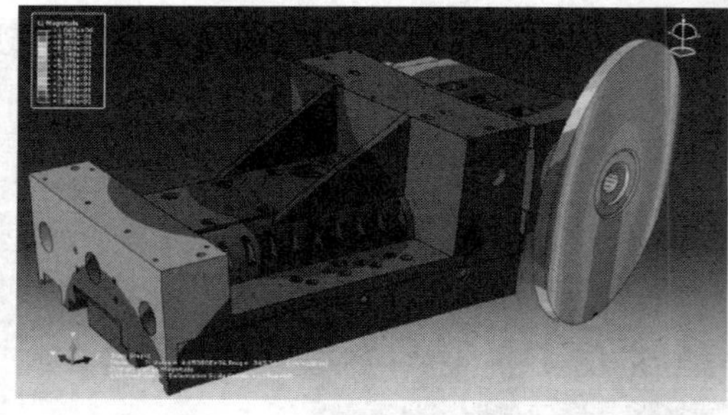

(a) 砂轮架装配体一阶模态振型

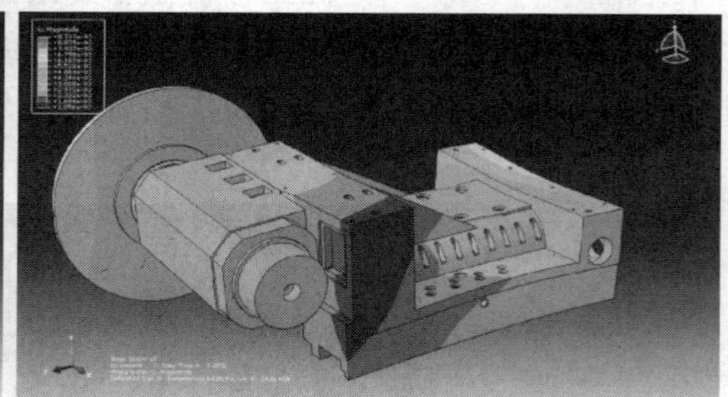

(b) 磨削力、重力、磁吸力下的变形云图

图 2-40 优化后的砂轮架体壳结构模态分析结果

6) 十字拖板

十字拖板位于机床床身导轨上，两个拖板互为镜像对称结构(图 2-41)，支撑砂轮架和横向定位。

十字拖板是静压油压支撑，静压油压在十字拖板上的静压腔和床身导轨之间的作用面上形成支撑力，使十字拖板在床身导轨上移动时没有摩擦力。导轨没有磨损并改善导轨的阻尼作用，从而降低振动。床身导轨通过伸缩式防护罩防止冷却液和空气污染物进入，在伸缩式防护罩之下还有皮老虎防护，完成对导轨的双重保护。

机床通过直线伺服电机来实现十字拖板横向移动和定位。永磁铁定子直接安装在床身导轨之间，电机动子安装在十字拖板的底侧。

十字拖板移动采用闭环伺服控制系统。在床身导轨的后侧安装了绝对值直线编码器（光栅尺），由此完成两个十字拖板的闭环反馈。

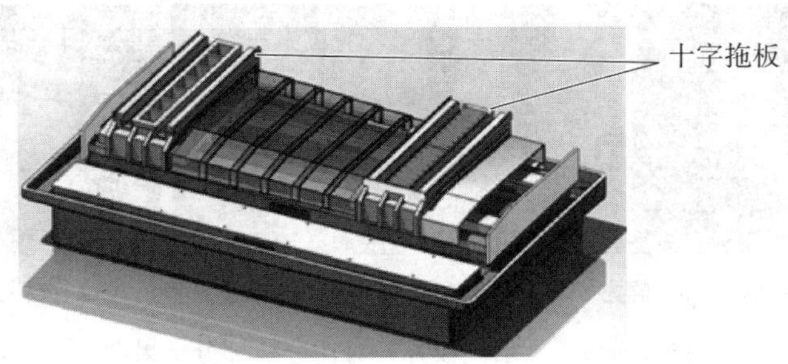

图 2-41　十字托板

十字托板是数控曲轴磨床中的关键部件，其上层支撑并驱动砂轮架，下层由床身支撑并驱动，涉及两根垂直运动轴。

结合以往设计经验，设计人员设计了三种典型的十字托板方案，分别如图 2-42a～c 所示。

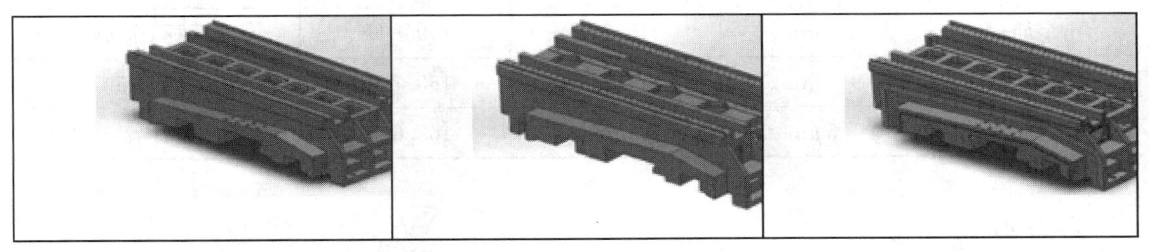

(a) 十字筋板　(b) 蜂窝筋板　(c) 倾斜筋板

图 2-42　三种典型的十字托板设计方案

分别对三种设计方案进行静力学分析、自由模态分析与约束模态分析，其中在静力学分析与约束模态分析中将静压导轨刚度等效为一定数量及刚度值的弹簧施加。部分分析结果如图 2-43 所示。

(a) 十字筋板结构（静力学分析位移云图、一阶自由模态振型、一阶约束模态振型）

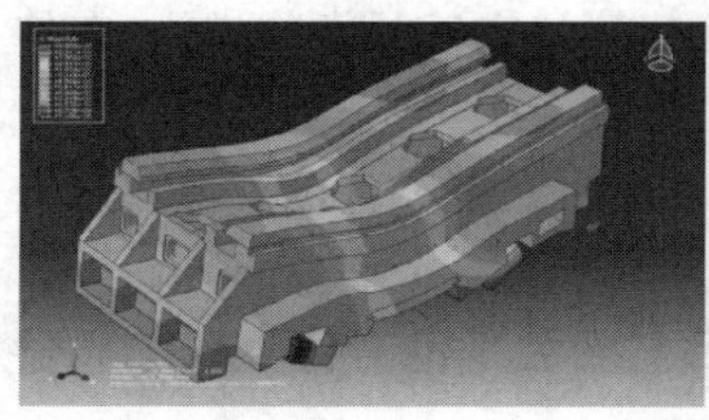
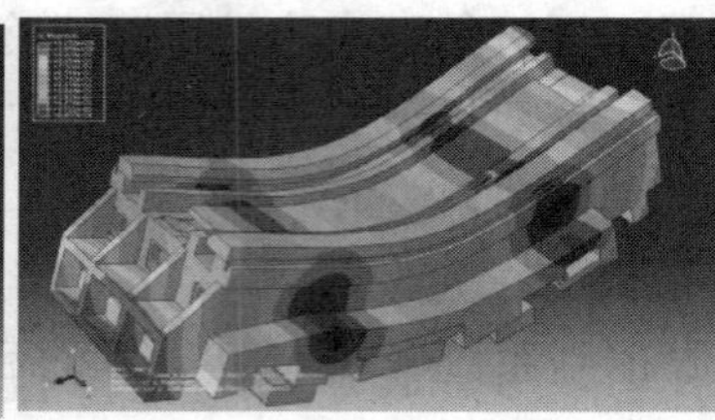
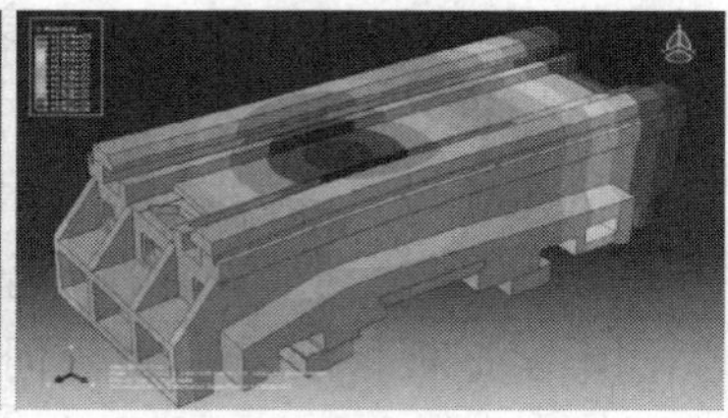

(b) 蜂窝筋板结构(静力学分析位移云图、一阶自由模态振型、一阶约束模态振型)

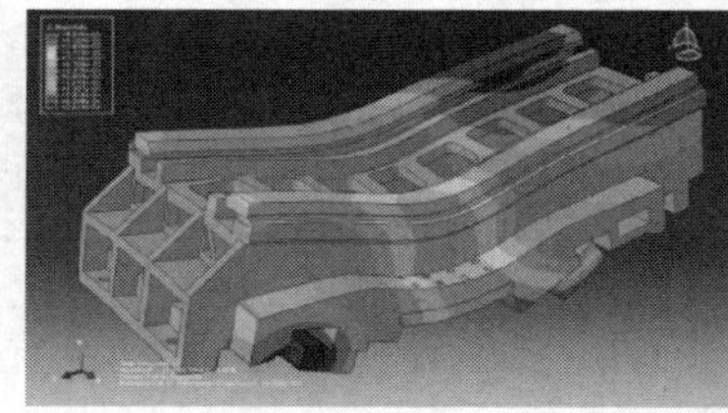
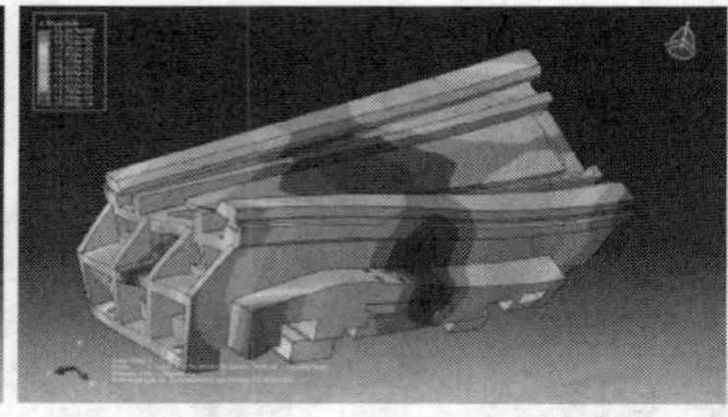
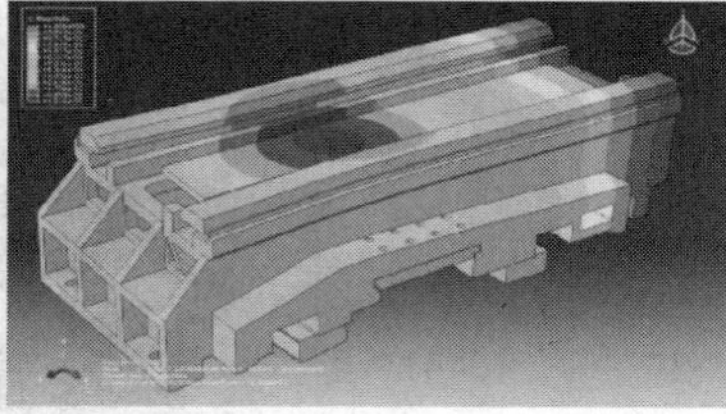

(c) 倾斜筋板结构(静力学分析位移云图、一阶自由模态振型、一阶约束模态振型)

图 2-43 十字托板方案对比分析部分结果图

分别对三种设计方案进行静力学分析与模态分析,并考虑铸件清砂等加工工艺性因素,三种方案对比见表 2-4,确定采用倾斜筋板结构的十字托板结构。

表 2-4 十字托板三种方案对比

十字托板方案	静力学分析(最大变形量)	自由模态分析	约束模态分析	加工工艺性
十字筋板	4.9 μm	415.2 Hz	149.8 Hz	不便于清砂
蜂窝筋板	9.0 μm	415.2 Hz	163.7 Hz	方便清砂
倾斜筋板	4.5 μm	406.2 Hz	163.6 Hz	贯通式设计,清砂方便

7) 中心架

中心架是通过底座直接安装在工作台台面上,位于头架和尾架之间(图 2-44)。它在磨削过程中起支撑工件的作用,主要是通过中心架垫片把工件定位在加工轴线上。因此,即使轴颈尺寸发生变化,工件的定位也能保持不变。

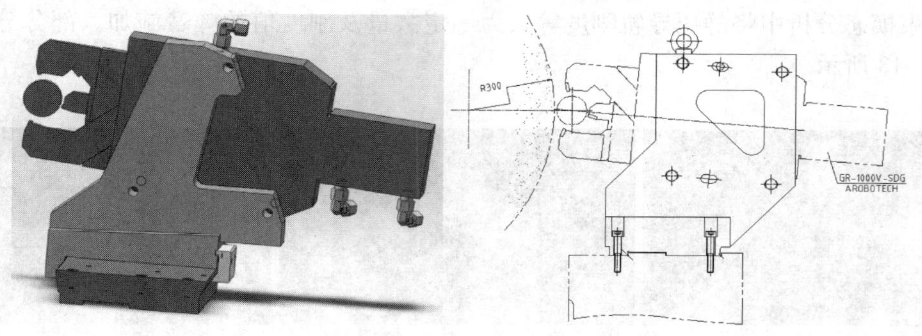

图 2-44 中心架

中心架由液压驱动，能够对工件提供全方位支持。中心架有三个支撑块，支撑块间相互连接，并与液压缸连接在一起；支撑块能从中心架内伸出支撑工件，也能够缩回到中心架里面。可以通过调整中心架顶部的两个精调螺栓调整支撑块使其与头尾架中心在同一条直线上。在中心架顶部还有润滑油管路接口，为中心架支撑块导轨提供润滑。每个支撑块的末端装有可互换的中心架垫片，垫片上有一小块的耐磨合金。中心架垫片是易损件之一，因此可能需要定期更换。

机床停机和不磨削时，中心架会保持在退回的位置即上下料位置，以保持尺寸测量仪远离工件。当循环开始、工件处于顶尖之间时，中心架向前进给协助卡盘将工件定位。在循环过程中，中心架一直支撑工件直到加工循环完成，然后后退。中心架的位置由于接近开关监测，一旦出现故障，报警信息会显示在操作面板上，并且机床循环会取消，阻止循环开始或机床停机。

8）金刚滚轮修整器

金刚滚轮修整器位于尾架右侧，直接安装在工作台台面上（图 2－45）。其采用压缩空气密封方式，防止冷却液和空气污染物进入金刚滚轮修整器主轴。伺服电机控制金刚滚轮加减速和保持匀速旋转。

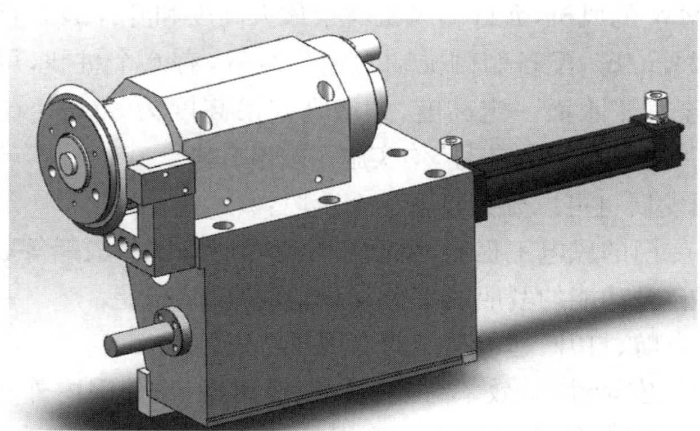

图 2－45　金刚滚轮修整器

9）上下料托架

上下料托架位于中心架左右侧，安装在工作台台面上（图 2－46），在工件磨削开始前以及结束后支撑工件。机械手将未磨削工件置于托架上，头、尾架向前顶住工件。左侧上下料托架上装有工件就位传感器，能检测工件是否到位并发信息。

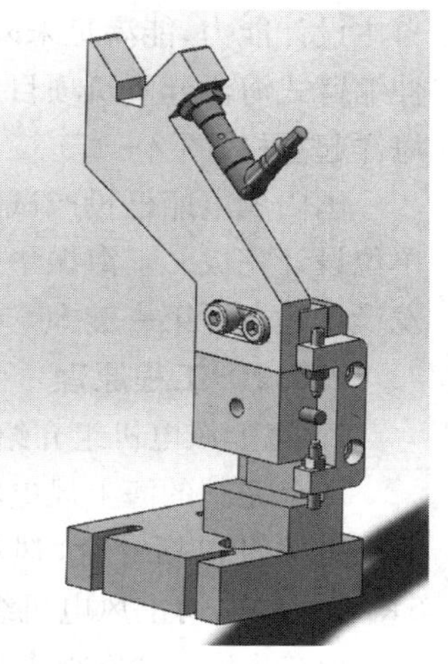

图 2－46　上下料托架

2.4.4　案例总结

本节综述了国内外数控曲轴切点跟踪磨床砂轮架技术的发展状况，并介绍了国内外典型随动曲轴磨床结构特征。与传统的曲轴磨床砂轮架相比，数控随动曲轴磨床的砂轮架具有先进的构造特征——电主轴、静压导轨、CBN 砂轮、直线电机。关于案例需要进一步深入探讨和研究的方面主要有：

（1）高速及超高速动平衡试验分析。本节所提及的砂轮线速度达 120 m/s，但由于砂轮直径较大，实际主轴的工作转速不超过 3 000 r/min。如果采用较高转速对砂轮主轴进行动平衡，需要对动平衡机器以及试验方法重新定义以适应高速动平衡精度。

(2) 双砂轮架的研究。双砂轮架的结构目前应用逐渐广泛，双砂轮架之间的同步性以及与 C 轴联动特性有必要对同步参数进行深入研究。

(3) 整机性能分析及优化。本节只针对砂轮架结构特征进行了有限元动静力学分析，并未对床身、拖板、头尾架等其他部件进行研究，仍须对此进行完善。

2.5 海上风电安装船设计

2.5.1 技术背景

风电安装船是一种全新的海洋工程船舶，主要用于海上风电设备的运输和吊装，它将运输船、海上作业平台、起重船以及生活供给船的各项功能融为一体，可以独立完成相关运输和安装作业。风电安装船具有附加值高、造价高且设计建造难度大的特点。

英国 MPI 公司的"五月花号"(Mayflower Resolution)是世界上第一艘专门为海上风力发电机的安装而建造的特种船舶，2004 年交付运营。船舶尺度 130.5 m×38 m×8 m，可以一次性运载 10 台 3.5 MW 的风机，允许的风机塔架最大高度和叶片最大直径均为 100 m，航速 10.5 节(1 节＝1.852 km/h)，配备艏侧推动力定位装置，有 6 个桩腿，可在 3～35 m 水深作业，作业时船体提升至高于水面一定高度，其最高起吊高度为 85 m。在英国 North Hoyle、Kenith Flats 等诸多风电场，"五月花号"均实施了安装作业。

海上风电安装船发展也可以分为以下三个阶段：

第一阶段：没有专门的风电工程船，由已有的起重船和工作驳船等联合作业。

第二阶段：具有自升功能的驳船或平台，但不具有自航功能。

第三阶段：具有自航、自升、起重功能的专用风电安装船。

第三代风电安装船安全性高、效率高且可长期使用，但目前国内外建造的先进第三代风电安装船的设计技术全部来自国外。因此，开展新型风电安装船功能与技术性能分析研究，是为承接订单、进入风电安装船设计的市场做技术准备，能进一步提升公司对海洋工程船舶自主设计能力，能满足未来海上风电设备安装、维护的需要。荷兰 GustoMSC 公司的 2 500 t 伸缩臂式海洋起重机项目，是全球第一台具有伸缩功能、最大起重能力达到 2 500 t 的绕桩式海洋起重机(图 2－47)。

国内风电船已投产试用 32 艘，主要由上海振华重工(集团)股份有限公司、中船 708 所等单位设计完成。上海振华重工(集团)股份有限公司风电船研发团队从 2009 年开始，自主研发设计建造了第一艘 800 t 风电安装平台(图 2－48)，目前已经形成系列化产品。

2.5.2 工程原理

1) 海上风电机组介绍

一个完整的海上风电场是由一定规模数量的单个风电机组和海底输电设备构成。单个的风电机组包括叶片、风机、塔身和基础部分。目前国内海上风力发电机主要有 5 kW、6 kW、7 kW，海上风电机组如图 2－49 所示。

(1) 叶片。通常海上风电机组上安装有三个叶片，而叶片的尺寸大小直接决定了海上风

图 2-47 GustoMSC 2 500 t 自升式风电平台

图 2-48 “龙源振华贰号”800 t 自升式风电平台

图 2-49 海上风电机组

力发电机的功率大小。

(2) 风机。为风力发电的核心部分,主要由转子、风速计、控制器、发电机、变速器等部分组成。

(3) 塔身。一般由空心的管状钢材制成,设计主要考虑在各种风况下的刚性和稳性,根据安装地点的风况、水况和风轮半径条件决定塔身的高度,使风叶片处于风力资源最丰富的高度。

(4) 基础。由于海上风电机组的基础位于海上,增加了许多额外载荷和不确定因素,其设计较为复杂,结构形式也由于不同的海况而多样化,因而基础设计成为海上风电场设计的关键技术之一。

风电安装船在海上进行风电施工时(图 2－50),需要克服恶劣的海洋自然条件,适应复杂的水下地质条件,符合艰巨的远程运输条件,还要具有综合的专业协作能力。

图 2－50 风电安装船施工

2) 自升式风电平台施工过程介绍

(1) 现场定位。保证机位中心在抱桩器中心处,以及图纸要求塔筒门方向进行定位。

(2) 运输船定位。将运输船靠近平台,然后运输船抛锚,抛锚后通过绞锚,保证起吊单管桩的纵向中心与平台纵向中心在同一直线上,并且将运输船与平台船艉距离控制在一定范围内。

(3) 沉桩施工。将索具组装好后挂于吊机钩头,再套入单桩吊耳上,然后通过滑道工装缓慢竖立单桩,如图 2－51 所示。

(4) 沉桩。如图 2－52 所示,单桩竖立后旋转起重机臂架,将单桩套入抱装器,然后自沉打桩,再将索具松脱放置在平台上,再起吊打桩锤并套入单桩上端,接着进行压锤沉桩,直至设计标高,最后安装附属件。

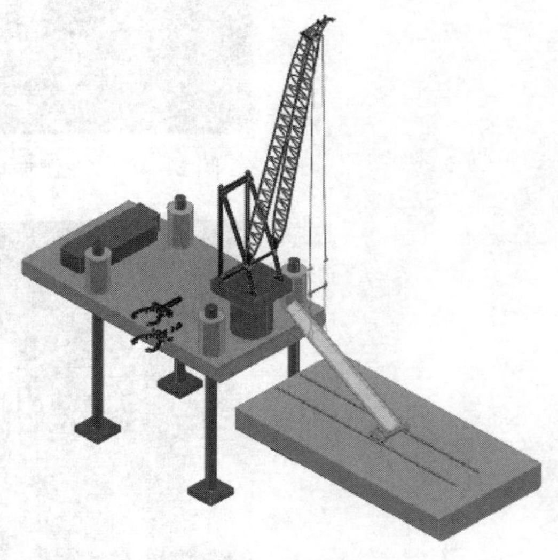

图 2－51 沉桩施工

图 2-52　沉桩

(5) 运输船二次定位。将运输调整到与平台垂直位置,然后抛锚定位。

(6) 塔筒吊装。如图 2-53 所示,挂好索具后按图依次吊装下塔筒、中塔筒和上塔筒,并依次安装高强度螺栓,打好力矩。

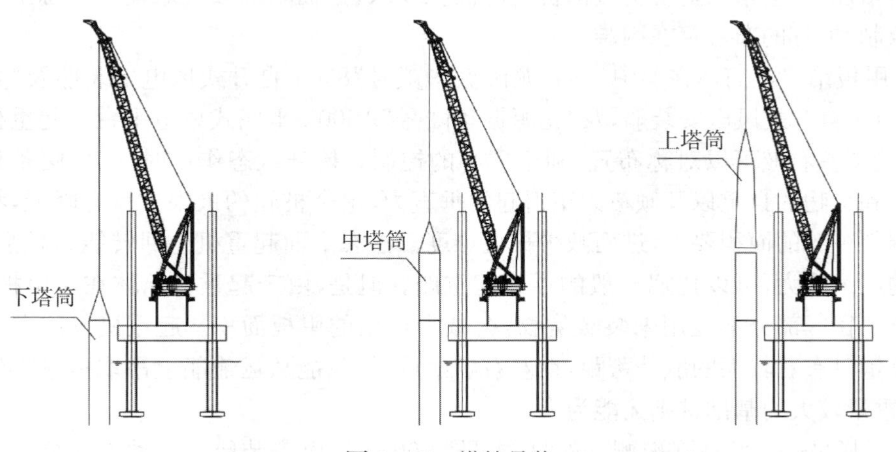

图 2-53　塔筒吊装

(7) 兔耳组件吊装。如图 2-54 所示,组装好吊梁和索具,并挂于机舱和轮毂上,起吊兔耳组件与上塔筒进行安装,然后安装高强度螺栓并打好力矩。

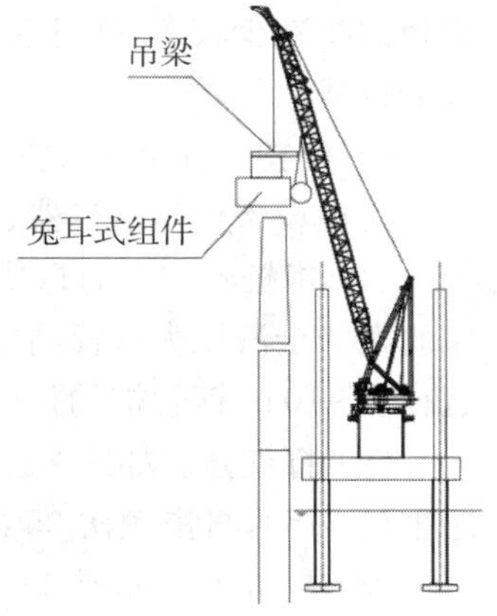

图 2-54　兔耳组件吊装

(8) 第三个叶片安装。利用专用工装吊起第三个叶片,然后旋转竖立,再将其与轮毂进行安装,最后安装高强度螺母并打好力矩。

2.5.3　设计内容

1) 设计输入条件

要设计出一艘功能先进、符合用户要求的风电船,需要紧密围绕用户提供的设计任务书,统筹考虑风电船的造价、可变载荷、甲板面积、吊重能力、海底地质条件适应性、现场施工流程和工艺需要(风机机位选择、抱桩器的位置、水流方向等)、起重机的布置和选型、重量控制等诸多因素。

2) 影响主尺度的主要因素

(1) 吊重能力。为体现风电平台最关键的指标,一般是已知条件。

(2) 可变载荷。关系到船体的风机设备装载能力及自持能力,包括淡水、燃油、润滑油、工作人员、生活供应品、压载水、货物等。

(3) 稳性计算。包括完整稳性、破舱稳性、漂浮起吊稳性和沉浮稳性等。

(4) 甲板面积。

(5) 其他。包括定员人数、水深、生活区布置特点和吊机是否绕桩等。

3) 起重机典型布置方式

(1) 绕桩吊。如"三航风华号"及三航 1 200 t 风电安装平台。这种布置方式可获得更大的可用甲板面积,侧吊时舷外有效跨距更长,更利于从舷外起吊重量较大的风机设备。起重机臂架全回转作业时不易受桩腿干扰,抱桩器位置选择余地更多,既可以放在船艉又可以放在舷侧,运输船可与风电安装船平行停靠,流速影响小。但是,在抬升状态作业时起重机和货物的自重以及倾覆力矩引起的垂直力大部分将施加到绕桩的那根桩腿上,单个桩腿的极限支反力增加,将会增大对桩腿端部桩靴的面积要求,进而增加拔桩难度。浮态全回转吊重能力受限制,桅灯的布置存在困难。

(2) 甲板吊——筒体在船中。如"龙源振华贰号"800 t 自升式风电安装船及"龙源振华叁号"2 000 t 自升式风电安装船,及"龙源振华陆号"2 500 t 坐底式风电平台。起重机居中布置,船体舱室左右舷可以对称布置,利于重心的控制。抬升状态作业时,艉部两条腿可以分担起重机和货物的自重以及倾覆力矩引起的垂直力,单个桩腿的极限支反力降低,将会减少对桩腿端部桩靴的面积要求,进而减少拔桩难度。浮态下面起重机全回转能力较强,并且具备超大的尾吊能力,可以比肩一般的浮式起重船。但是,由于起重机筒体在主甲板,会导致筒体下方的盲区部分不能用来装载货物,会减少可用的甲板面积。起重机仅能在尾吊工作最大起重量时有着较大的舷外跨距,在左右舷吊重时,只能从运输船上吊取重量小的风机设备,对于重量较大的基础桩则无能为力。

(3) 甲板吊——筒体在舷侧。如"托本号"1 000 t 风电安装船。这种方案综合了上述绕桩式起重机和放置在甲板船中两种方案的优点和缺点,适合于船长较长的风电安装船,否则甲板面积减少较多,并且起重机臂架要伸出船艉很长的距离,臂架搁架的设计也将会面临更大的挑战。

4) 打桩设备及布置方式

打桩设备包括抱桩器、打桩锤和翻桩器。

(1) 抱桩器。上海振华重工(集团)股份有限公司海上平台抱桩器(图 2-55)采用完全自主研发的全液压大直径高精度的海上桩体打桩纠偏与扶正系统。该系统使风电平台能实现直径 6～10 m 钢管桩的打桩精度超过 3‰,纠偏推力最大达 200 t。

(2) 打桩锤。如图 2-56 所示为 S2300 型液压打桩锤,其最高冲击能量 2 300 kN · m,锤芯重量 115 t,打击频次 35 次/min,液压油流量 4 000 L/min。

(3) 翻桩器。如图 2-57 所示是配合起重机将基础桩从运输的横放位置转到打桩的竖直位置。

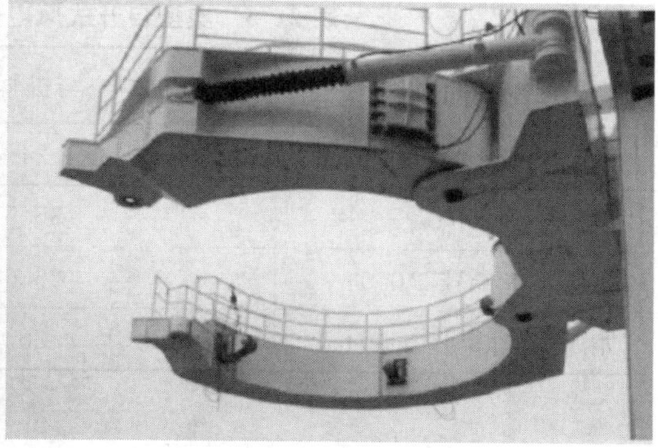

图 2-55　抱桩器

图 2-56　S2300 型液压打桩锤

图 2-57　翻桩器

为了减少打桩震动影响，风电安装船基础桩和桩靴距离要符合一定的范围，表 2-5 为典型自升式风电安装船基础桩和桩靴距离。

表 2-5　典型自升式风电安装船基础桩和桩靴距离

风电安装船名称	基础桩中心与桩腿中心距离/m	桩靴边缘与基础桩边缘距离/m
“三航风华号”1 000 t	24	13
“托本号”1 000 t	35.5	27
“龙源振华叁号”2 000 t	26.6	15.2
“龙源振华陆号”2 500 t	26	19

5）风电安装船涉及相关专业设备

（1）轮机专业设备。包括主发电机、应急发电机、压缩空气系统、舱底水系统、污水处理系统、淡水系统、海水系统、饮用水系统、艉部推进器、艏部推进器等。

（2）舾装专业设备。包括主吊机、辅吊机、锚机、系缆桩、救生艇等。

（3）通风专业设备。包括通风进风机、通风排风机等。

（4）电气专业设备。包括配电板、驾驶室等。

（5）船体专业设备。包括桩腿、桩靴等。

（6）升降系统。包括齿轮齿条式（图 2-58）、液压插销式（图 2-59）等。

图 2-58　齿轮齿条式升降系统

图 2-59　液压插销式升降系统

2.5.4　案例总结

海上风电向大型化和深水化发展。大型化是指风机单机容量达 8～12 MW，叶轮直径 180 m 以上，单桩重量 1500～2500 t 或更重；深水化是指国内须满足离岸 18520 m 以上、水深 10 m 以上，国外向 50～70 m 水深甚至更大水深发展。

海上风电设备的运输与安装需要较高的技术支持，由具有可靠作业能力的风电安装船来完成。本案例是多专业多学科的综合，涵盖了机械、电气、船舶等领域。要完成如此庞大的工程，需要各种专门人才团结协作，只有将个人工作和团队目标联系在一起，才能不断推进工作进展，顺利完成任务。

2.6　碳纤维复合材料导弹易碎盖开发

2.6.1　技术背景

碳纤维复合材料导弹易碎盖开发是来自上海波客实业有限公司的工程案例。导弹发射盖是导弹储存、发射系统中重要的组成部分，一直以来颇受关注。传统导弹发射盖的主要有依靠液压系统打开的金属盖和通过爆破方式打开的爆破盖，结构较为复杂，增加了发射筒的质量，延长了发射时间，也不利于快速作战的需求。

鉴于复合材料具有轻质、高强度、抗腐蚀、可设计性强等诸多优点，其已被广泛使用于航空航天产品中。采用复合材料设计易碎盖不仅可满足导弹储存时发射筒内的气压要求，并且在易碎盖中设计薄弱结构又可使其在较小集中力的情况下轻易冲破易碎盖。

目前国外已经开发多款先进的易碎盖并实际运用，如英国 GWS-261 型“海狼”垂直发射系统、俄罗斯 C-300 型导弹垂直发射装置和 SA-N-6 型“力夫”导弹垂直发射系统等都采用复合材料易碎盖作为导弹发射盖。

易碎盖结构形式为多瓣式易碎盖，要求在平常储存情况下可以保持发射筒内恒定气压，并且在导弹发射时可在较小集中力的作用下可靠破裂。碳纤维复合材料易碎盖相对金属易碎盖在重量上有明显优势。

2.6.2　工程原理

根据设计要求以及装配尺寸要求，选取易碎盖最外侧半径尺寸。易碎盖采用扇形破坏形式，整体结构采用三个及以上瓣区数量，每瓣区域根部采用凹槽减弱。易碎盖初步结构方案如图 2-60 所示，易碎盖正面由多个不同形状的区域组成，A 区及 B 区为凹槽减弱区，C 区为连接区，连接区须承受较大载荷，因此需要一定的厚度保持该区域结构强度；易碎盖背面为平面。碳纤维易碎盖设计的整体流程如图 2-61 所示。

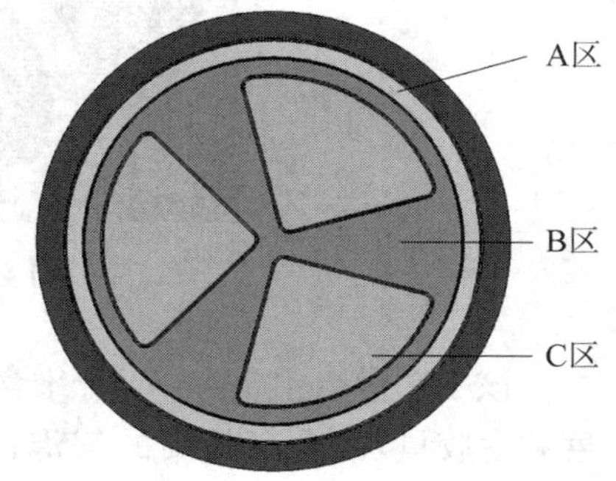

图 2-60　易碎盖初步结构方案

对于易碎盖产品来说，考虑到工艺成本、模具成本、制造可实现性等因素，所有特征均可一体成型制造，避免二次胶接带来的多余烦琐工序。

采用织物预浸料真空袋压工艺进行制备。真空袋压工艺的原理是把在人工铺覆的半成品（预浸料）上覆盖真空袋，然后再用封条密封，使用真空抽气泵将里面的空气抽出，将内部

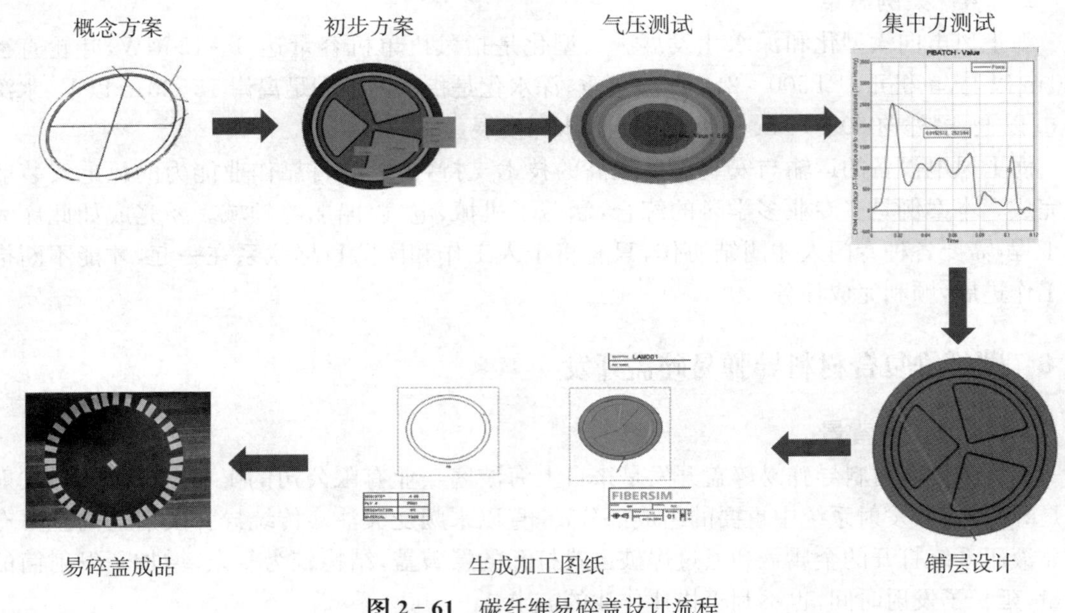

图 2-61　碳纤维易碎盖设计流程

的气体排净，然后进入烘箱加热固化，如图 2-62 所示。

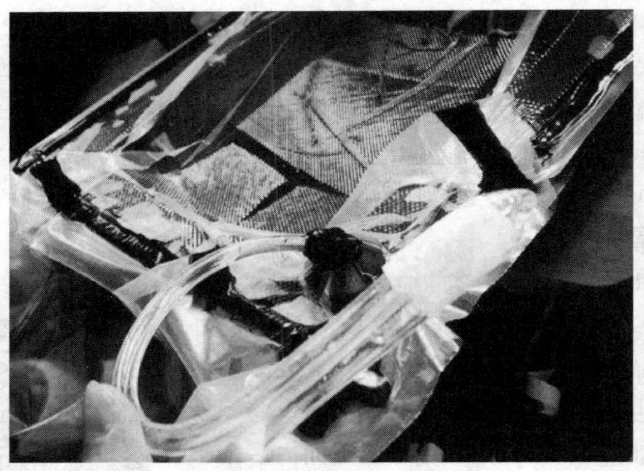

图 2-62　预浸料真空袋压工艺原理

该工艺优点主要有：①纤维含量高，均匀加压，产品的力学性能更好；②有效控制产品厚度和含胶量，减少产品中的气泡；③可以成型复杂、大型制件，减少挥发分对人员的损伤；④成本较热压罐工艺低，进烘箱固化即可。

根据相关成熟设计及制造经验，对预浸料袋压工艺拟定如图 2-63 所示工艺流程，该工艺流程为正向开发碳纤维产品制造工艺流程，包括产品脱模后的切割、检验和包装。

2.6.3　设计内容

易碎盖铺层设计采用 Fibersim 软件进行铺覆性仿真，并生成加工数据。

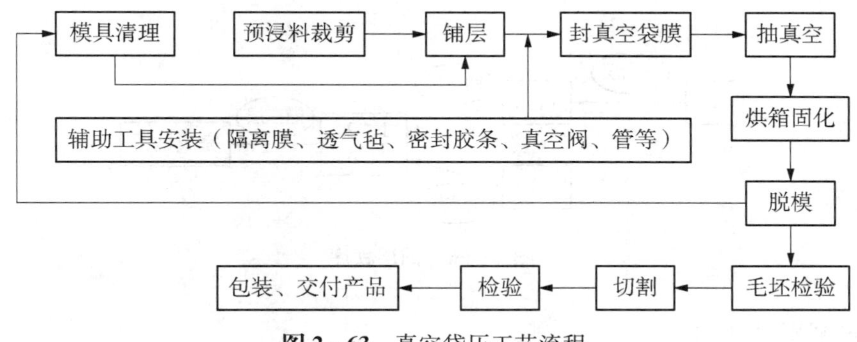

图 2-63　真空袋压工艺流程

2.6.3.1　**铺层要素定义**

1）贴膜面及设计边界

Fibersim 中贴膜面确定铺层进行仿真的型面，设计边界确定铺层仿真区域位置，法向方向确定铺层累积方向。易碎盖贴膜面及设计边界如图 2-64 所示，为了保证易碎盖正面形貌不发生变化，将易碎盖的正面作为贴膜面。

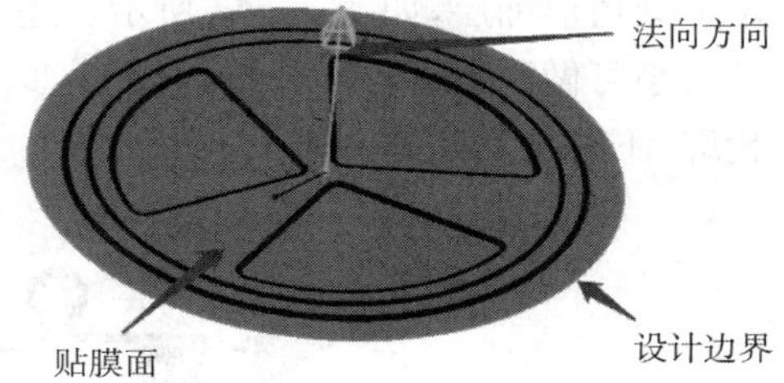

图 2-64　易碎盖贴膜面及设计边界

2）坐标系及坐标原点

易碎盖铺层坐标系选择贴膜面几何中心点作为坐标原点，以两个分瓣之间的圆盘 1/3 分割线作为 0°方向。

2.6.3.2　**铺层设计**

1）详细铺层秩序

易碎盖根据厚度不同分为四个区域，如图 2-65 所示，数值代表铺覆的厚度，铺贴顺序由易碎盖正面向易碎盖背面铺覆。铺贴过程中尽量让铺层完整，因此易碎盖首先由 1 区域铺六层到 2 区域，然后 1、2 合成一个区域铺三层到 4 区域，3 区域铺六层到 4 区域，之后 1、2、3、4 合成一个区域整层铺覆三层，铺层秩序如图 2-66 所示。

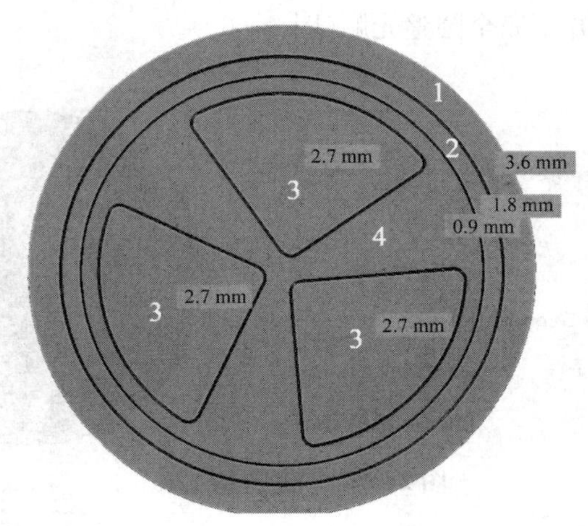

图 2-65　铺层厚度

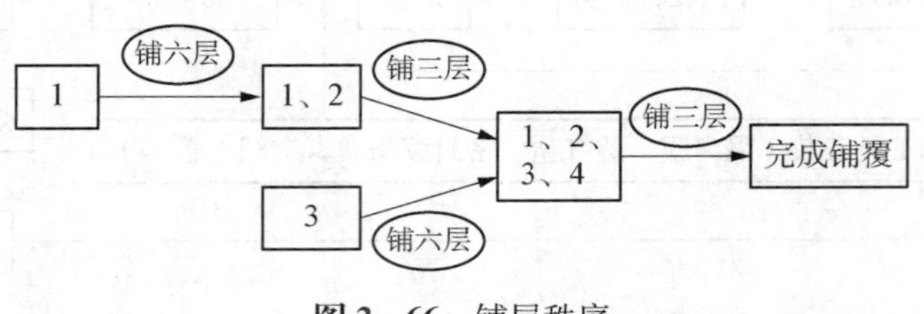

图 2 - 66　铺层秩序

2）环形铺层设计

易碎盖铺覆过程中含有环形铺层，环形铺层与普通铺层具有一定的差异。

遵循 Fibersim 中创建局部铺层的原则，选取端盖铺贴面圆环边界线和圆环内的一点来定义圆环形铺层，如图 2 - 67 所示。经过此种方式定义，通过将圆环形铺层纤维间距仿真因子放小可做制造可行性分析，但进一步生成的圆环形铺层平面展开图为一个整圆，并非圆环轮廓，不符合实际制造需求。

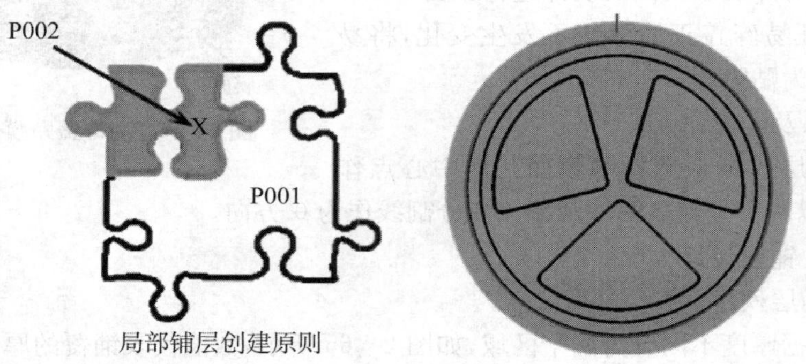

图 2 - 67　环形铺层

默认以层压板贴膜面边界为圆环形铺层的外边界，选取圆环内边线作为孔边界，同时选取圆环内一点来限定整个圆环形铺层，如图 2 - 68 所示。进一步生成的圆环形铺层平面展开图为圆环，但圆环形轮廓并不完全圆整光顺(图 2 - 69)。

图 2 - 68　外边界的选取

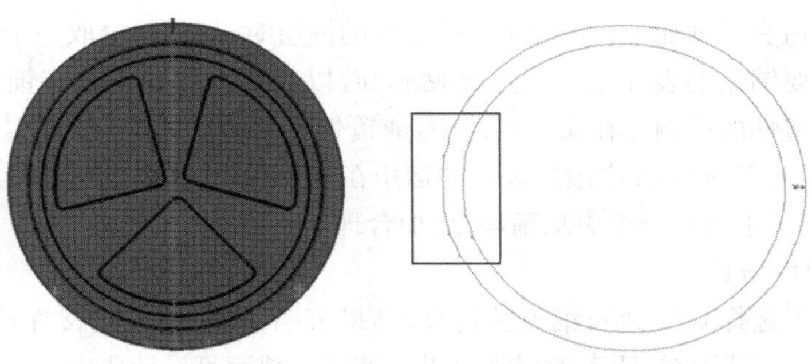

图 2-69　不光顺的圆环

整铺层带孔及虚拟曲面辅助定义如下：创建一个虚拟表面，几何尺寸与边界和原始贴膜面保持一致，在圆环形内部没有任何结构特征即平面，如图 2-70 所示。整铺层带孔及虚拟曲面辅助展开图如 2-71 所示，圆环形轮廓完全且圆整光顺。

图 2-70　虚拟表面的创建

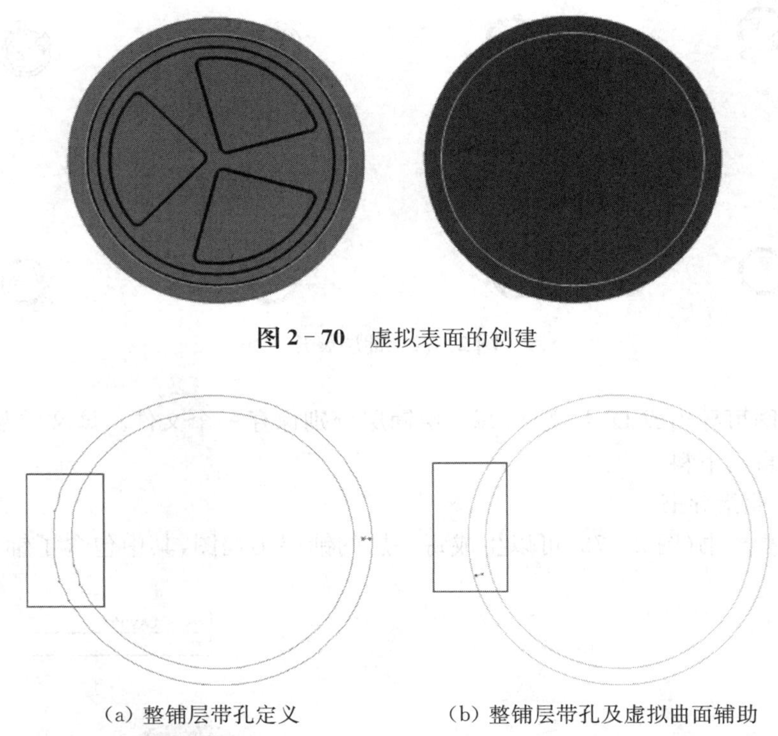

(a) 整铺层带孔定义　　(b) 整铺层带孔及虚拟曲面辅助

图 2-71　虚拟表面辅助展开

结合以上可知，整铺层带孔定义不光滑是因为 Fibersim 在运行铺层可制造性分析时，默认不识别孔边界信息，即按照整体贴膜面的结构型面进行铺层可制造分析。而且整个贴膜面具有较浅的凹凸台阶特征，一定程度上会影响整个铺层的铺覆性，导致纤维微小的变形和方向偏离，从而导致展开图轮廓不完全圆整光顺。在实际制造铺覆当中，遵循的顺序是下料时已将孔边界以内的材料切除，铺覆时只有一个圆环，因此圆环的轮廓或材料不会受孔边界内部的凹凸台阶影响而变形。

虚拟表面的仿真原理如下：在定义带孔边界的铺层时，创建并选取一个更加符合实际制造时铺层材料所要铺贴的表面来替代原始贴膜面，以规避原始贴膜面在铺层孔边界内的结构特征对铺层铺覆性的影响。在实际制造中，铺覆带孔的铺层材料时，确实无须考虑孔内结构特征的影响，因此 Fibersim 中虚拟表面的运用在该种形式的铺层定义下，能够更加贴合实际情况，分析出的结果和数据也更加精确、更加合理。

3）铺层铺覆性仿真

纤维间距因子选择 0.3，进行铺覆性仿真，结果表明，所有铺层铺覆性良好，幅宽满足要求。根据三维 Cross 截面线，所有铺层秩序以及铺层区域满足设计要求。

2.6.3.3 数据输出

根据实际制造需要输出相应的数据。

1）铺层展开图

易碎盖铺层展开图如图 2－72 所示，轮廓边界无交叉，满足裁剪要求。

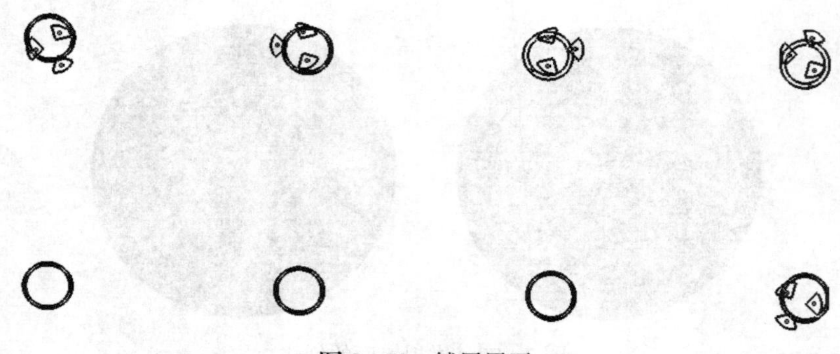

图 2－72 铺层展开

铺层展开图可导出成 DXF 文件，每一层铺层分别保存一个文件。该文件数据可导入布料裁剪机进行自动下料。

2）铺层作业指导书

铺层作业指导书(图 2－73)可以生成每一层的铺层工程图，其中包含了铺层展开图、铺

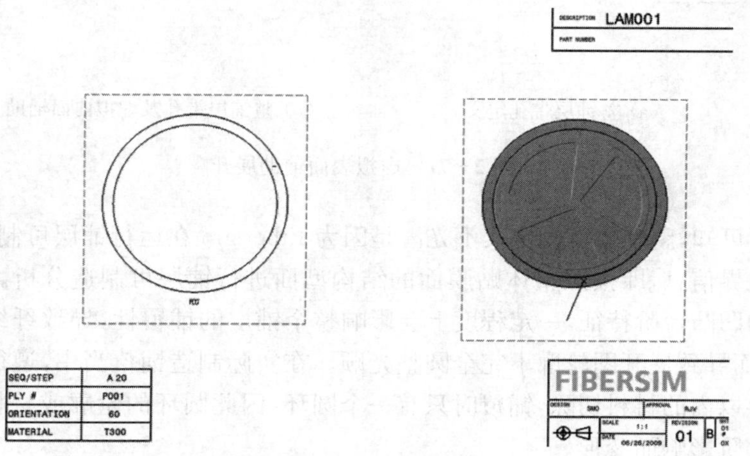

图 2－73 铺层作业指导书

层在贴膜面上的位置、铺层角度及手工铺覆方法等信息，以辅助工艺人员手工铺贴。

3）三维铺层信息

Fibersim 可生成的三维截面图、三维取样注释、三维铺层信息表及相关数学模型。三维截面图表征铺层截面，三维取样注释表征了该点处的铺层信息，三维铺层信息表汇总了整个零件的铺层信息。图 2-74 为三维铺层信息表。

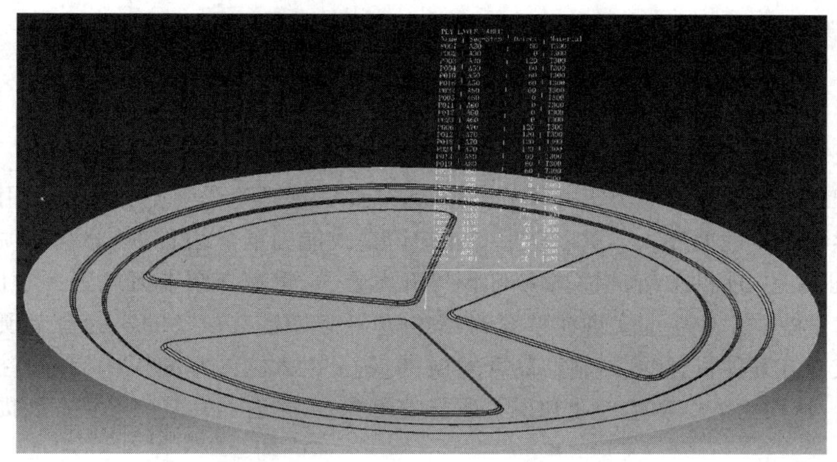

图 2-74　三维铺层信息表

2.6.4　案例总结

易碎盖既要满足承受一定压强，又要满足较小集中力下可被破坏，因此易碎盖强度并不是越强越好，而是要稳定在一定区间。利用复合材料具有轻质高强特性制造的易碎盖在满足上述要求的同时，减轻了发射筒的重量。采用 Fibersim 设计易碎铺层时，充分利用 Fibersim 软件多个仿真选项，进行环形区域铺覆时，灵活利用"hole""net boundary""simulation""skin"等命令，规避非铺层的几何特征对于铺层铺覆的影响，并生成可自动化加工的高精度铺层展开图。

本案例涉及多学科多领域的技术知识，如工程力学、复合材料力学、结构设计、工程软件、制造工艺等。主要应用到的工程软件有复合材料设计软件 Fibersim，三维建模软件如 CATIA/UG，有限元分析优化软件如 Hyperwork、Abaqus。产品生产时将接触到自动裁床、激光投影设备、金属模具、工装夹具、自动铺丝/铺带机以及液压机、烘箱、热压罐等固化设备，需要工程人员具备相关设备的基本知识。

第3章

专业知识集成与应用案例

专业知识的学习需要经历实践环节的检验，从而实现理论学习指导实践应用、实践应用反哺理论学习的良性循环。本章以学生专业知识集成能力锻炼为背景，分别从项目背景、研究目标、过程描述、项目总结、相关学科知识等五大方面，重点介绍上海理工大学机械工程学院产业技术学院的学生企业实训典型案例，案例包括智能铺装设备的实验台架项目、汽车顶盖后横梁技术方案项目、复合材料产品开发项目、基于以太网的车间机床状态监控系统开发与应用项目，从而为锻炼学生专业知识集成与应用能力、促进学生道德素质发展提供指导。

3.1 智能铺装设备的实验台架

3.1.1 项目背景

装配式道路既能够实现快速拆装、循环利用，也符合零排放、零固废的绿色生态基础设施建设目标，可广泛应用于短期使用道路、临时施工道路、停车广场、货物堆场等工程。这款铺装设备是针对用水泥预制件铺设的装配式道路。预制件为长 6 m、宽 2 m 的含有预紧力钢筋的水泥制品。

传统的装配式道路铺设方法，不仅周期长、效率低且人力成本高。当预制路面板运输至现场后，须经由一辆汽车起重机负责对其进行起吊及落位。在现场落位或定位过程中，受水泥预制件自重及起重设备功能等因素的限制，通常需要 10 名工人佐助施工，方可保证道路铺设质量。并且，在施工过程中，需要反复多次对预制路面板的位置进行调整，通常约 12 min 才能完成单块预制路面板的铺设任务。

基于上述现状，上海振华重工（集团）股份有限公司承担并研发设计了一种智能铺装设备并革新了装配式道路的铺设方法，旨在提高装配式道路的施工质量及效率。按照目前市场对该设备的定位要求，在满足施工精度的前提下，既应确保作业效率，又要提高设备的自动化程度，最大限度地为用户创造更高的附加值，实现低成本高收益的高绩效生产模式。

智能铺装设备响应国家绿色环保可持续发展的号召，并且机械的自动化、智能化能够有效地提高工作效率，降低工人的劳动强度。

该铺装设备采用真空吸盘抓取水泥预制件。为保证其操作的可靠性、安全性，现设计实验台架，用于实验验证真空吸盘的可靠性，或在断电等特殊情况下真空吸盘的安全性，确保在正式施工中，不会发生真空吸盘无法吸紧水泥预制件的情况。

3.1.2　研究目标

现已制作好智能铺装设备的末端执行器，须设计一实验用台架用于该设备。该末端执行器重量大约在 8 t，共安装有 6 个吸盘，分成 3 组，每组包含 2 个吸盘并配备独立的真空设备。实施分组控制措施后，吊具的安全性和可靠性得到了大幅度的提升。即使某个真空设备突发故障或某组吸盘气压不满足要求，剩余的吸盘也足以承载预制路面板的自重。采用多个吸盘，在抓取水泥预制件的同时，还能够将水泥预制件整齐排列在地面上。

该实验台架用于测试真空吸盘机构的可靠性。一块水泥预制件尺寸为长 6 m、宽 2 m，总重量 5 t。实验台架安装在末端执行器后，能够保证吸盘抓取水泥预制件上下移动一定距离后，左右平移 300 mm。台架上安装末端执行器以及液压缸，吸盘抓取水泥预制件后可做旋转、摆动等动作，并保证在执行这些动作时，不与实验台架发生干涉。

实验台架设计为可拆装，总体轻便，易于加工。后续将该实验台架存放仓库时，还可节省空间。

3.1.3　过程描述

在开始设计实验台架前，先学习了解智能铺装设备末端执行器的结构、工作流程及具体安装方式；研读现有图纸，学习结构件图纸的绘制以及材料采购等清单的撰写；同时学习有关钢结构、钢架、结构件的相关知识。学习使用 MATHCAD、Excel 软件制作计算说明书。

1）确定设计方案

明确设计要求后，设计多种实验台架的方案有两种：一是直接采用型材，如槽钢、工字钢，搭建成格构式的试验台架；二是采用钢板，搭建为箱型梁。在选定方案的过程中，及时和导师沟通自己的设计方案。设计方案如图 3－1 所示。

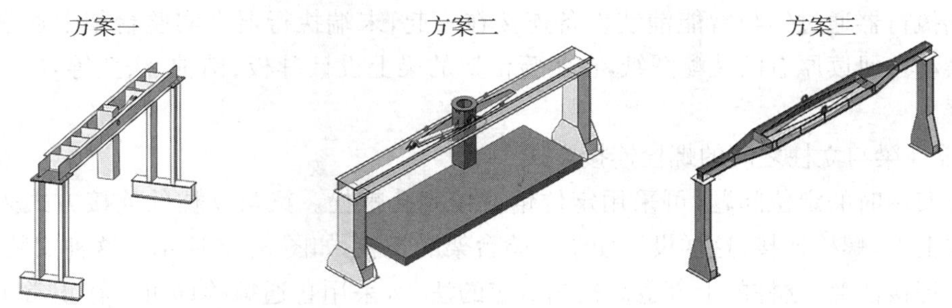

图 3－1　设计方案说明示意图

设计方案一，主要使用现有国标型号槽钢进行搭建，在槽钢中心处打孔，将执行器与试验支撑架通过销轴连接。但在校核过程中，强度刚度不能满足要求，故放弃该方案，重新进行设计。

设计方案二，采用等截面箱型梁的方式。采用该设计方案是考虑到其生产加工相对简单，只须切割规则的矩形板进行焊接即可。但该方案一方面是没有设计横隔板，横截面相对容易变形，而横截面变形则惯性矩改变，所以该处很可能不满足强度、刚度的设计；另一方面是梁两端多余材料太多，使得整个梁过重。

设计方案三，根据现有的参数对实验台架进行计算，考虑到台架梁的受力情况以及台架的重量，采用变截面箱型梁的结构，并且在箱型梁内部增加横隔板加固箱型梁，使箱型梁的截面始终为矩形，不易变形，从而保证该处的强度。采用变截面梁主要是因为该设计情况下，梁的危险截面位于中间开孔处，两边相对应力较小，梁两端的强度允许的余量过多。梁的主要受力位置位于梁的中点，若为等截面梁，梁两端截面的承载能力远大于所需要的负载；若采用变截面梁，可以有效减轻试验台架的重量、更合理地使用材料。

2）确定试验台架的尺寸

如图 3-2 所示，要满足试验台架安装了智能铺装设备的末端执行器，吸盘抓取水泥预制件后，水泥预制件在左右平移、旋转的过程中不会与实验台架发生干涉。水泥预制件的尺寸为 2 m×6 m，实验台架的尺寸大致在 8 m×3 m×1 m。

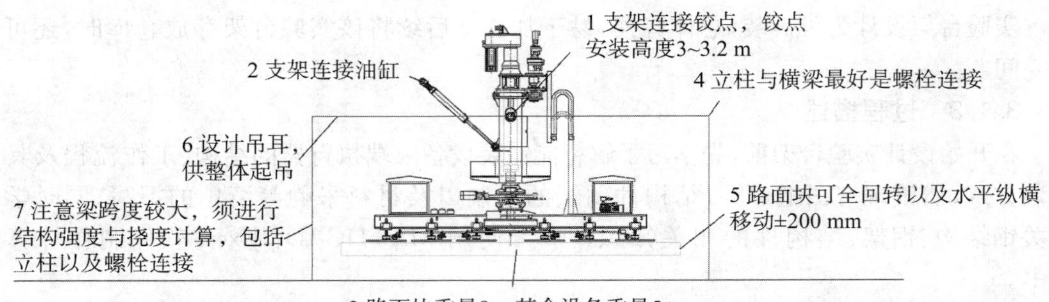

图 3-2 实验台架设计要求示意图

3）根据所需尺寸设计实验台架

根据智能铺装设备末端执行器原有的安装方式，设计末端执行器与实验台架的安装方式。末端执行器通过销与智能铺装设备连接在一起，末端执行器在实验台架上通过液压缸可进行摆动。研读原有的装配图纸，在实验台架的梁上设计耳板、销轴、法兰等，用于装配末端执行器。

4）设计梁与立柱之间的螺栓连接方式

考虑安装时的定位问题，可采用定位销或铰制孔螺栓。梁与立柱的连接方式采用梁放置在立柱上方，螺栓连接，这样设计便于实验台架的安装，如图 3-3 所示。这种安装方式，在梁的两侧焊接法兰，立柱的上方也焊接相对应的法兰，采用普通螺栓即可。在正常工作情况下，螺栓只承受预紧力，对螺栓的强度要求降低。

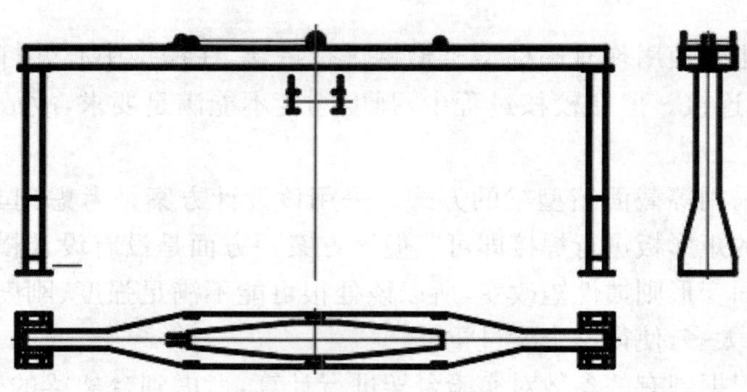

图 3-3 实验台架梁与立柱连接示意图

对设计尺寸进行校核包括对梁、立柱、台架整体等通过有限元软件或根据设计手册对其进行校核。对材料的选择也很重要，在本设计中采用 Q345 钢。在校核过程中应考虑风、人等外力因素，如工人依靠在实验台架上，实验台架是否会倾覆。对问题考虑得越全面越具体，设计在实际实践中的可靠性、安全性就越高。

在设计过程中制作计算说明书。本项目使用 MATHCAD 软件，该软件是国际上公认的执行和记录技术计算及应用数学的标准，向广大工程技术人员、科研工作者提供了一个文字处理、数学运算和图形处理能力的集成工作环境，能够准确、方便、快捷地完成工程计算和设计工作。该软件设置好参数、公式后可自行计算，与文字处理相结合，可以简洁直观地看到计算结果，如图 3－4 所示。

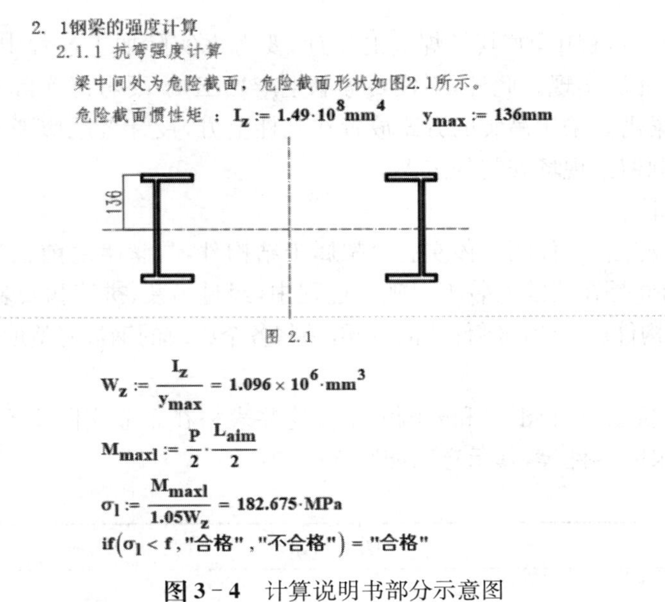
2. 1钢梁的强度计算

2.1.1 抗弯强度计算

梁中间处为危险截面，危险截面形状如图2.1所示。

危险截面惯性矩 ： $I_z := 1.49\cdot 10^8 mm^4$　　$y_{max} := 136mm$

图 2.1

$$W_z := \frac{I_z}{y_{max}} = 1.096\times 10^6\cdot mm^3$$

$$M_{maxl} := \frac{P}{2}\cdot\frac{L_{aim}}{2}$$

$$\sigma_1 := \frac{M_{maxl}}{1.05W_z} = 182.675\cdot MPa$$

if(σ_1 < f ,"合格" ,"不合格") = "合格"

图 3－4　计算说明书部分示意图

经过校核后，发现设计不合理的地方，如箱型梁上的开孔、变截面的设计和螺栓的设计，进行修改。校核时，采用的公式等都是简化模型后的数值计算，而实际设计中会有很多附加的结构如横隔板、加强筋等，设计时需要注重安全系数。此外，设计过程中不仅要考虑刚度强度稳定性的问题，还要考虑干涉和加工工艺的问题。

因末端执行器要摆动，与其装在一起的液压缸也存在上下摆动，为了避免箱型梁翼缘板的干涉，梁的上翼缘板和下翼缘板中心靠液压缸的一侧开了孔，但后改为两边都开孔，这样结构对称，不仅能够有效减重，也更美观。一侧开孔强度校核在需用要求内，对称开孔则也在安全范围内，与末端执行器相连的有一个液压缸，液压缸一是为了可以让末端执行器在实验台架上摆动，二是为了稳定末端执行器，防止其自由摆动。液压缸一端安装在末端执行器上，另一端安装在实验台架上，其在使末端执行器摆动的同时自身也要摆动，故两边都是通过销轴连接，如图 3－5 所示。液压缸的耳板固定在梁的上翼缘板上，梁在受力时，上翼缘板受压，此时液压缸耳板的力作用在上翼缘板上，该处应设计加强筋，以增强其局部稳定性。若不设置加强筋，这里极有可能发生屈曲。因此，不仅要考虑整体稳定性，也要考虑局部稳

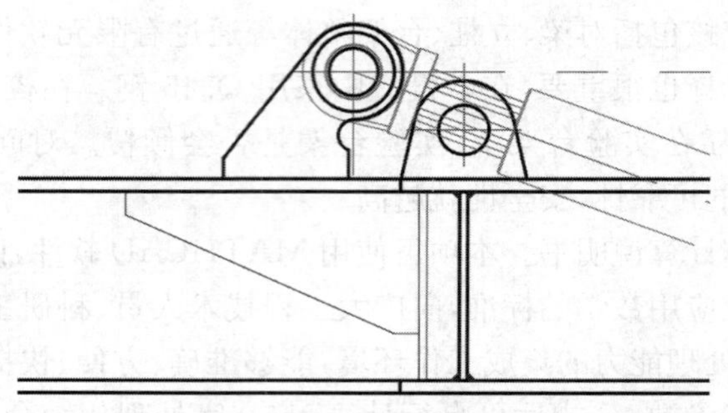

图 3-5 液压缸耳板加强筋示意图

定性。

在设计横隔板的过程中，尤其是焊缝的设计，要考虑实际加工过程中的加工顺序，以及根据设计图纸是否能够实现。此外，不仅要考虑生产加工，也要考虑实际安装。如该实验台架在安装过程中，梁需要采用吊装的方式放置在立柱上方，设计者就应考虑安装起吊设备的耳板，不应把该问题留给现场安装的工人。

5）绘制工程图纸

绘制完整的装配图、零件图。该实验台架属于结构件，与学生之前在学校中绘制的零件图有所不同。结构件是在建筑安装工程施工过程中，经过吊装、拼装和安装后，能构成建筑安装工程实体的各种构件。在绘制零件图的时候，须将各个组成的钢板完整地表达在零件图中。

6）制作表格

表格包括图纸目录、材料汇总和外购清单。这些表格在企业实际生产中起到重要作用，如便于查阅图纸、采购零件等，其示意图如图 3-6 所示。

图纸目录							
产品名称：实验台架							设计：
部件名称：							校对：
序号	图号	版本	名称	图幅	张数	数量	备注
1	ZCJ-00	0	支撑架	A2	1	1	
2	ZCJ-01	0	梁	A2	1	1	
3	ZCJ-02	0	立柱	A3	1	2	

材料汇总						
产品名称：实验台架						设计：
部件名称：						校对：
序号	标准或规格型号	名称	材质	数量	单位	备注
1	GB/T 709	钢板 16	Q345D	1 665.52	kg	
2	GB/T 709	钢板 10	Q345D	363.08	kg	

外购清单						
产品名称：实验台架						设计：
部件名称：						校对：
序号	标准或规格型号	名称	材质	数量	单位	备注
1	GB/T 5782—2000	螺栓 M12×45	4.6	54	个	
2	GB/T 97.2—2002	垫圈 M12	200 HV	54	个	
3	GB/T 6170—2015	螺母 M12	4.6	30	个	

图 3-6 表格示意图

3.1.4 项目总结

1）项目设计方面

在本案例中，智能铺装设备是一种新型的设备，能够很好地为装配式道路服务。相比传统方式周期长、效率低且人力成本高的特点，采用智能铺装设备，不仅能有效地提高工作效率、工作周期，还能有效地降低人力成本。该智能设备是在起重机的设计基础上，加装了用于抓取水泥预制件的吸盘机构，这样既能够保证放置水泥预制件的准确性，又能够减少工人的工作量，即吸盘能够自主地将水泥预制件抓起，不需要工人辅助。同时，增加传感器能保证准确抓取到水泥预制件，并能将水泥预制件放置在指定位置，满足装配式道路的铺设要求。

真空吸盘吊具是智能铺装的关键设备。真空吸盘吊具利用真空负压原理，通过吸盘来抓取或释放预制路面板。其具有环保、无污染，且不易损伤待提升物品的优点。

吸盘通过管道与真空设备贯通，待吸盘与预制路面板表面接触后，则启动真空设备进行抽吸，使吸盘内产生负气压，从而将吸盘与预制路面板表面牢固地吸附在一起。预制路面板移运至目标位置后，平稳地向吸盘内充气，使吸盘内气压转变为零气压或正气压，此时，吸盘与预制路面板表面脱离接触，从而完成搬运任务。

末端执行器共有 6 个吸盘，分成 3 组，每组包含 2 个吸盘并配备独立的真空设备。实施分组控制措施后，吊具的安全性和可靠性得到了大幅度的提升。即使某个真空设备突发故障或某组吸盘气压不满足要求，剩余的吸盘也足以承载预制路面板的自重。

2）经济成本方面

在可靠性方面，企业生产制造一个新产品，除了在理论计算上保证产品符合要求，仍需要通过一些实验设备对新产品某些重要部分进行实验，确保新产品在生产实践中的可靠性和安全性，这也是本项目所设计的实验台架的目的。实际生产与理论设计仍存在差距，在实验过程中发现问题，并将其反馈给设计部门，从而得以改进。通过实验的方式，避免生产出不合格品后的经济损失，同时也能保证产品的可靠性。

在经济性方面，如设计过程中的结构件，在考虑成本以及采购方面的问题如材料的选择、型号的选择时，一方面考虑是否仓库已有可使用的材料，另一方面需要考虑型号能否统一。比如，该实验台架所使用的钢板，一开始采用 8 mm、10 mm、12 mm、16 mm 等多种型号的，可简化为 10 mm 和 16 mm 两种型号的钢板，在采购时更加便捷。另外在使用型钢如槽钢时，尽量不要选用不常用的国标件；不常用的国标件一是不便于采购，二是在仓库积压较久，材料本身会发生变化，材料强度会产生偏差。

3）设计总结与启示

在设计实验台架的过程中，学习和了解了变截面梁以及箱型梁的设计方法。

变截面梁能够有效节省材料。实验台架梁的中点处安装有末端执行器，根据实验台架的受力情况，且梁的跨度相对较长，实验台架若采用等截面梁，要符合设计要求的话，则梁的两端受力要求相对小，但所能承受的负载小于梁中点处，所以相对于中点处的惯性矩，梁两端的惯性矩可小于梁中点处的惯性矩，这种设计方案可以有效减轻梁的重量，提高材料的利用率。

相比格构式的设计方案，采用箱型梁的设计有以下优点：①重量轻、省钢。由于箱型梁更能有效地发挥钢板的承载能力，因此采用正交异性钢桥面板和用薄钢板作梁肋与底板的箱型梁，节省钢材20%左右，跨径愈大愈节约；并且由于上部结构的自重减轻，桥梁下部结构造价一般可降低5%～15%。②抗弯和抗扭刚度大。这是由闭合空心截面的特性所决定的，在材料数量相同时箱型梁可较其他截面形式提供更大的抗弯和抗扭刚度，所以特别适用于曲线桥和承受较大偏心载荷的直线桥。③安装迅速。便于养护箱型梁可以在工厂制成大型安装单元，从而减少工地连接螺栓数量；在施工时便于纵向拖拉或用顶推法架设；箱型梁结构简单、油漆方便，且由于内部为闭合空间，更容易抗锈蚀。④适宜于做成连续梁。这是由于其截面形式能提供几乎相等的承受正、负弯矩的能力。⑤结构新颖，外形简洁、美观。

在设计时也应注意生产加工的问题，如焊缝。在本项目中，设计实验台架时，在初期设计横隔板时，横隔板采用焊接的方式放置在变截面箱型梁的内部，对矩形横隔板的四周均采用双面焊，但在实际加工中是无法做到的，该设计为不合理设计，应将部分横隔板改为三边焊接，同时改为单面焊，实际生产加工才能做到。

横隔板不能设计为一块方方正正的矩形，应切除四个角，因为实验台架的箱型梁是将两块腹板和一块翼缘板焊接起来，然后再将横隔板焊在箱型梁内，完成后再将另一块翼缘板焊接在腹板上，去除横隔板的四个角是为了避让箱型梁内部已焊接的焊缝。

同时也应了解设备的安装过程。本项目设计的实验台架，其箱型梁应采用吊装的方式放置在立柱上，但在设计时，并没有设计用于安装卸扣的耳板。若没有设计安装起吊设备的结构，工人在安装过程中就会根据经验焊接一个用于起吊设备的耳板，安装完毕后再切除。但这个责任就由设计者转移到现场安装工人身上。设计者应该考虑到安装时所需的结构，避免让他人为自己的设计承担责任。

设计过程中，不仅是理论数值的计算，更多的是在设计细节上的细心，圆角、倒角、焊缝、加强筋等，这些小的细节都决定着最后这件成品的质量、寿命。往往不起眼的倒角，却能够有效地减小应力集中，避免开裂。设计时考虑得越全面越具体，产品在日后发生的问题就会越少，也避免产生不必要的经济损失。也要学会使用设计手册，机械设计手册汇集了大量的计算模型，能够快速地帮助设计者解决计算问题，同时也要学习使用有限元软件，对复杂的模型进行校核。

3.1.5 相关学科知识

实验台架为结构设计项目，在设计过程中主要应用的课程为钢结构设计；需要用到的相关理论知识有：机械制图（工程图规范）、机械装备结构设计（优化结构、实现结构减重、拓扑优化）、材料力学（梁的设计与校核）、机械制造技术（工件加工工艺流程）等；工程计算机软件有：MATHCAD（工程设计计算）、Solidworks（试验台建模）、AutoCAD（工程图制备）以及有限元分析(ANSYS)等,软件的使用极大地减轻了工程师的工作量,同时便于修改、查阅,且降低成本。

实验台架的结构设计中,整体结构的建模使用 Solidworks,之后需要对钢结构进行应力、强度校核,根据现有的参数对实验台架进行计算,有限元分析使用 ANSYS 进行网格划分及质量分析。考虑到台架梁的受力情况以及台架的重量,采用了变截面箱型梁的结构,并且在箱型梁内部增加横隔板加固箱型梁,使箱型梁的截面始终为矩形,不易变形,保证该处的强度。用 AutoCAD 制备工程图,清晰地表达出设计思想。

通过对项目实施背景进行深入的调研与考察,增强环保意识,促进对生态文明理念和工程应用的深入理解;在智能铺装设备设计过程中,从实际出发,把 Solidworks、ANSYS 等软件和机械制图的学习等学科知识应用于工程实践,并以工程实践经验反哺所学知识,不断提升所学知识的熟练掌握度,并增强创新意识,提升创新能力;面对项目实施难题时,以坚持不懈、攻坚克难的毅力迎难而上,培养精益求精的工匠精神。

3.2 汽车顶盖后横梁技术方案

3.2.1 项目背景

在石油等不可再生资源的巨大消耗下,节能减排的理念被深入推广。汽车行业作为世界上石油能源消耗最大的产业,其能源消耗转型已是迫在眉睫。汽车减少石油能源消耗最有效的方法有两种:一是大力推广新能源汽车,使用电能作为汽车的动力来源;二是汽车轻量化,减少汽车所需要消耗的燃油用量。汽车轻量化,就是在保证汽车的强度和安全性能的前提下,尽可能地降低汽车的整备质量,从而提高汽车的动力性,减少燃料消耗,降低排气污染。实验证明,汽车质量降低一半,燃料消耗会降低近一半。由于环保和节能的需要,汽车的轻量化已经成为世界汽车发展的潮流。

目前汽车轻量化方法主要分为五大类,即材料轻量化、工艺轻量化、结构轻量化、框架轻量化和边界轻量化。本节将以汽车顶盖后横梁技术方案来介绍汽车的轻量化方法。进入 21 世纪以来,市场竞争日趋激烈,汽车产品更多样化,客户对汽车安全性、舒适性和节能的要求越来越高,国家又着眼于可持续发展战略,对汽车主机厂产品的节能减排是一个必然的发展趋势下,因此,减轻汽车重量、降低燃油消耗和减少污染物排放是各个主机厂无法回避的问题。轻量化节能成为汽车工业发展的核心问题,也是汽车技术研究的热点问题。据统计,汽车每减轻质量 10%,油耗可降低 6%~8%。车身的轻量化对整车的轻量化起着举足轻重的作用,因此车身的轻量化对于节能减排、环保的意义十分巨大。车身的合理轻量化还能提升汽车行驶的动力性、制动性、操稳性、NVH(噪声、振动与声振粗糙度)及安全性能,对产品的市场竞争力提升也具有巨大意义。对于主机厂,在做到轻量化的同时,也需要考虑成本问题,这样企业才能长期保持市场竞争力,因此单纯的轻量化研究意义不大。目前国内关于车身轻量化的研究仍处于起步阶段,车身轻量化理论模拟的研究较多,考虑成本的轻量化研究更是鲜有报道。

3.2.2 研究目标

1) 汽车顶盖后横梁设计输入及要求

汽车顶盖后横梁结构如图 3－7 所示。汽车顶盖后横梁设计输入及要求如下:

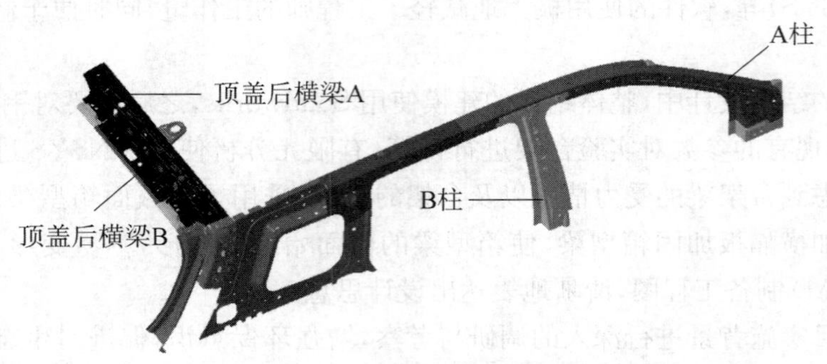

图 3-7　汽车顶盖后横梁结构图

(1) 结构输入。顶盖后横梁 A、顶盖后横梁 B 以及零件周边配合件。

(2) 连接方式。原金属方案与周边件以焊接方式进行装配。

(3) 性能需求。实现工装样件替换后白车身关键性能不低于原基础车型。

(4) 轻量化需求。与原金属方案相比减重 30%。

2) 汽车顶盖后横梁加载工况

汽车顶盖后横梁加载工况的载荷见表 3-1,其加载工况如下:

(1) 对于侧围上加强板:约束 B 柱接头以及分别约束 A 柱一端,在另一端施加 X、Y、Z(整车坐标)三方向力和三方向力矩。

(2) 对于顶盖后横梁 A/B:分别约束横梁一端,在另一端施加 X、Y、Z(整车坐标)三风向力和三方向力矩。

表 3-1　横梁及侧围加强板载荷

零部件	约束位置	加载方向	加载力大小/N	刚度/(N/mm)	加载力矩/(N·m)	刚度/(N·m/rad)	刚度/(N·m/°)
侧围上加强板	后端B柱接头	X	100	1607	100	8319.5	145.1
		Y		102		66755.7	1164.5
		Z		191		27262.8	475.6
	前端B柱接头	X		66756		9165.9	159.9
		Y		227		92592.6	1615.2
		Z		368		65832.8	1148.4
顶盖后横梁	左边	X		32		18825.3	328.4
		Y		438		8710.8	152.0
		Z		35		24570.0	428.6
	右边	X		32		18825.3	328.4
		Y		436		8710.8	152.0
		Z		35		24570.0	428.6

汽车顶盖后横梁技术方案中轻量化的主要方法是使用新型复合材料——碳纤维复合材料代替原有金属材料，并以焊接的方式连接原有金属部件与复合材料的连接，通过 CAD/CAE 软件分析其结构工艺和结构强度，最终达到汽车顶盖后横梁轻量化设计的性能不低于原基础车型，并减重 30%的设计目标。

3.2.3 过程描述

3.2.3.1 产品设计开发流程

碳纤维复合材料的产品设计开发流程分为初步设计和详细设计两个阶段，如图 3-8 所示，左列为初步设计，右列为详细设计。初步设计阶段主要包括制造可行性分析、制造可行性优化、拓扑优化等工作内容，生成产品初步模型，作为详细设计阶段的输入。详细设计主要包括性能指标获取、铺层优化、工况分析验证以及产品出图等工作内容，最终生成产品的详细数据。流程会对产品所有工况进行分析和迭代，使产品力学特性符合预定的性能指标，同时通过优化结构及铺层减轻结构重量。

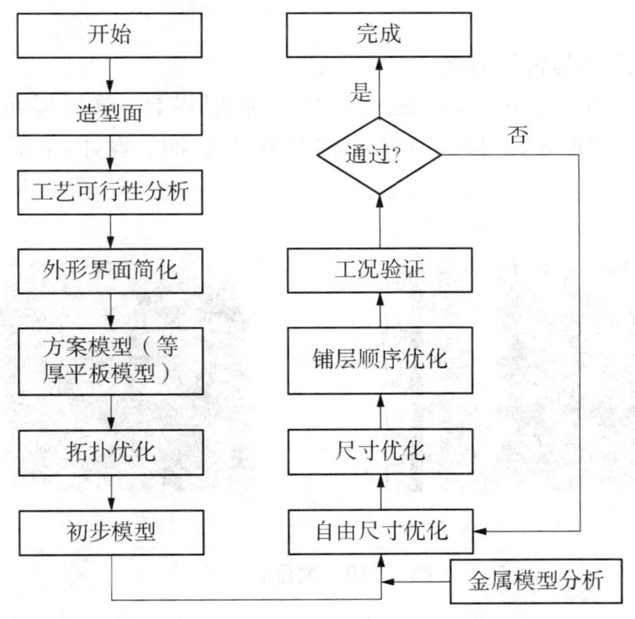

图 3-8 产品设计开发流程图

3.2.3.2 产品生产过程流程

设计方案满足设计要求后，产品的生产过程也要严格按照要求来指导工厂进行，确保产品的合格率。碳纤维复合材料的生产过程包括从原材料检验储存到湿法模压及 CNC 加工，最后出厂交付产品，其具体流程如图 3-9 所示。

3.2.3.3 原材料选择

环氧树脂及其供应商：英国壳牌国际化学，亨斯迈（HUNTSMAN），陶氏化学（DOW），惠柏新材，百合航太；增强材料及其供应商：碳丝由中复神鹰股份有限公司等提供；经编四轴向布由常州市宏发纵横新材料科技股份有限公司提供。

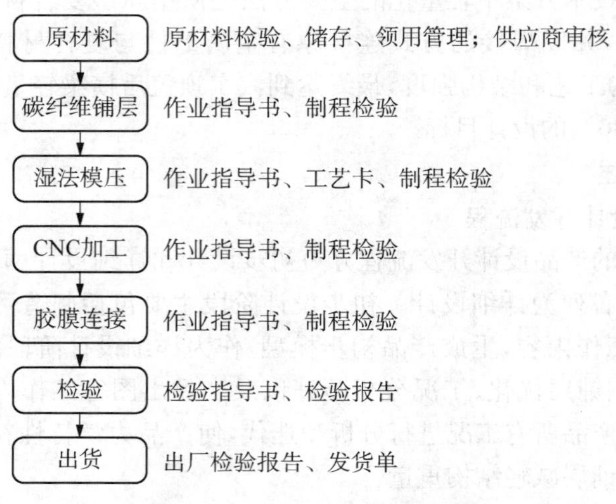

图 3-9 产品生产过程流程图

3.2.3.4 织物选择与铺层方案

顶盖后横梁 A(图 3-10a)，经编四轴向布铺层设计，单层厚度 0.32 mm，面密度 580 g/m²；顶盖后横梁 B(图 3-13b)，1 组四轴经编织物，铺层设计，单层厚度 0.32 mm，面密度 580 g/m²。

图 3-10 顶盖后横梁

铺层方案是基于铺层设计原则及参考同类产品设计而定义的，定义好铺层方案后，可通过软件分析复合材料表面受力形式，调整结构并制定合理的加工工艺，确保工艺一致性，使复合材料产品有更好的力学性能。

3.2.3.5 工艺方案——湿法模压

复合材料的成型方法有许多种，如手糊成型、喷射成型、模压成型、缠绕成型、树脂传递模塑成型、挤压成型、热压罐成型等。本小节将简要介绍复合材料的模压成型工艺方法。

模压成型工艺方法是将材料置于上下模之间，在液压机的压力和温度作用下使材料充满模具型腔并排出残留的空气，经过一定时间的高温高压使树脂固化后，脱模即可得到碳纤维制品。模压工艺示意图如图 3-11 所示。模压工艺是应用性很强的一种碳纤维成型工艺，在工业的承力结构件制造方面有不可取代的地位。模压工艺细分可分为预浸料模压、片状模塑料(SMC)模压、湿法模压等。下面主要对湿法模压做一介绍。

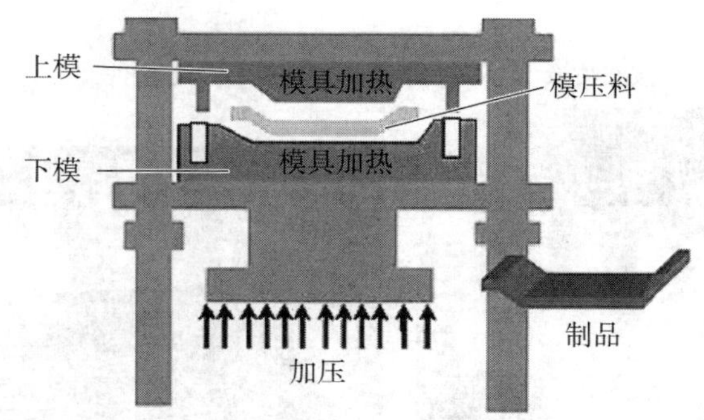

图 3 - 11　模压工艺示意图

1）湿法模压介绍

本案例中使用的加工方法为湿法模压（WCM），即非预浸料模压。湿法模压的工艺流程为裁剪原材料成指定形状、按铺层定义进行铺层、将原料放置于模具中、喷洒树脂、合模浸润、固化保压最后脱模取件，如图 3 - 12 所示。

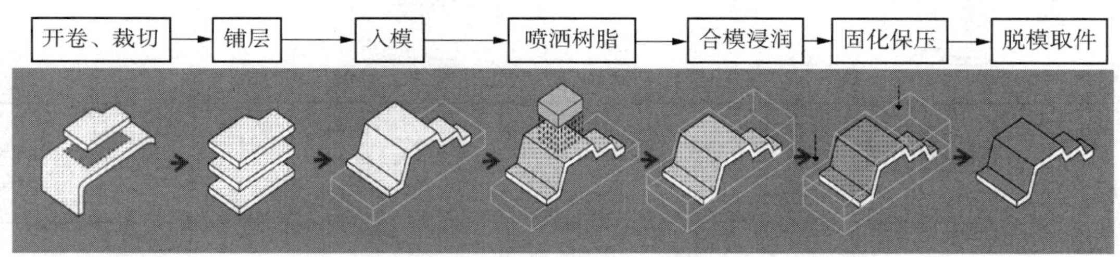

图 3 - 12　湿法模压工艺流程图

2）湿法模压优点

湿法模压优点如下：

（1）无须预成型。

（2）低黏度树脂依靠压机外设备加注。

（3）锁模闭合，多个模腔，生产效率高。

（4）生产周期更短，1～3 min/件。

3）湿法模压案例

湿法模压工艺流程如下：

（1）升温曲线为二次升温，第一次：60～80℃（低黏度喷淋），第二次：110～130℃（中温固化型树脂）。

（2）成型压力：0.2～0.5 MPa。

（3）固化周期：≥3 min。

3.2.3.6　成型工艺可行性分析

对于顶盖后横梁 A/B，结构不很复杂，无较大的弧度或曲面，结构基本对称，顶盖后横梁 A 初步厚度设计为 3.84 mm，顶盖后横梁 B 初步厚度设计为 3.2 mm；孔位对称分布，受力均衡。湿法模压工艺可以满足承载和质量要求。

液态喷涂 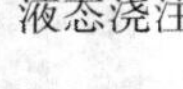 液态浇注

图 3-13 树脂喷洒工作图

采用湿法模压工艺，可提高纤维体积含量，气泡较少，采用低黏度中温快速固化环氧树脂，3 min 低压成型，能满足顶盖后横梁 A/B 的各项技术要求，方案可行。

3.2.3.7 部件结构、材料、工艺规划及轻量化评估

后横梁部件结构、材料、工艺规划及轻量化评估见表 3-2。

表 3-2 后横梁部件结构、材料、工艺规划及轻量化评估

零件名称	材料选择	成型工艺		长宽高/mm	表面处理	金属料厚/mm	复合材料厚/mm	表面积/m²	金属重量/kg	复合材料重量/kg	减重比
		样件	量产								
顶盖后横梁 A	580 g 四轴经编织物	湿法模压	湿法模压	1068×180×126	保留原始工艺表面状态	1.2	3.84	0.205	1.926	1.260	35%
顶盖后横梁 B	580 g 四轴经编织物	湿法模压	湿法模压	537×206×105	保留原始工艺表面状态	1.0	3.2	0.126	0.986	0.645	35%

注：轻量化评估的说明如下：
(1) 料厚定义初步按等刚度设计，详细设计定义以计算机辅助工程(CAE)分析结果为准。
(2) 考虑到量产需求，采用四轴经编织物，旨在降低铺层数量、铺覆时间和风险。
(3) 金属密度按照钢 7.86 g/cm³ 进行计算。
(4) 碳纤维复合材料单轴向层压板密度按照 1.6 g/cm³ 进行计算。

3.2.3.8 方案设计

1) 结构评估

为了保证顶盖后横梁与侧围加强板、车身内饰等零部件的正常装配，实现从金属到碳纤维的替代，结构评估示意图如图 3-14 所示，具体设计考虑如下：

(1) 保留原金属结构中的定位孔、减重孔、安装孔、安装过孔以及工艺孔的位置及孔边界尺寸。

(2) 去除减轻孔凹凸台特征。

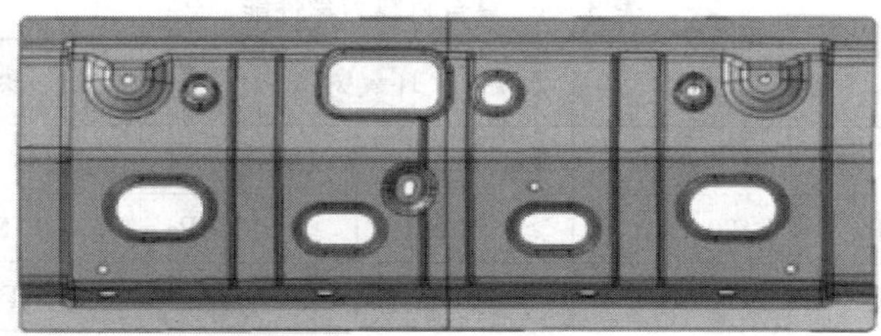

图 3-14　结构评估示意图

(3) 保留原安装孔以及装配面的特征，保留原膨胀胶特征。

(4) 消除原焊接的焊接凹凸台特征，将整个翻边拉平，以优化复合材料铺层的成型性。

(5) 确保与周边件的连接装配特征。

2) 顶盖后横梁 B 结构设计及铺覆可行性分析

(1) 保留金属方案的边界尺寸以及孔特征和尺寸，消除孔边凹凸台特征以及纵向下限，优化顶盖后横梁 B 的整体结构可行性，料厚初步给定 3.2 mm。

(2) 由铺覆可行性分析结果可知，采用织物和四轴经编织物的铺覆效果良好，制造可行。

(3) 详细零件铺覆性分析方案在详细设计阶段给出。

3) 顶盖后横梁 A/B 拔模分析

以 Z 轴正向进行拔模分析。由分析结果可得，顶盖后横梁 A 整体拔模角大于 5°，顶盖后横梁 B 的大面积的拔模角大于 5°，局部区域拔模角等于 5°，两个零件均满足批量工艺要求。顶盖后横梁 A/B 拔模参数即拔模特征如图 3-15 所示。

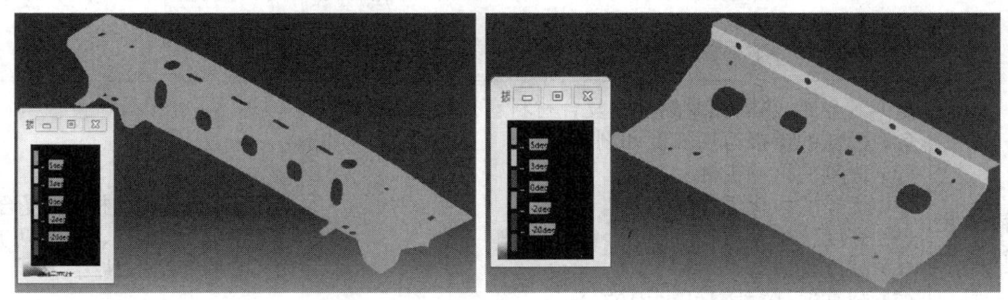

图 3-15　顶盖后横梁 A/B 拔模示意图

4) 顶盖后横梁 A/B 连接设计

(1) 方案描述。顶盖后横梁 A/B 采用胶接连接，构成后横梁总成。

(2) 胶接参数。选用聚氨酯结构胶胶层厚度 h 一般取 0.2～0.5 mm，搭接长度 $L>$ 20 mm，如 $L<$ 20 mm 需 CAE 分析和工艺评估。最终胶接参数通过 CAE 分析对 h 及 L 进行迭代更新，以满足胶黏强度。

(3) 胶黏剂选用。应选用韧性胶黏剂，以便胶接变形与机械连接变形相协调。关于胶黏剂类型、应用范围及产品推荐见表 3-3、表 3-4。胶接示意图如图 3-16 所示。

表 3-3 复合材料力学性能

类别	聚氨酯		环氧树脂		聚甲基丙烯酸酯	
组分	双组分	单组分	单组分	双组分	单组分	双组分
弹性模量	≥20 MPa	≥20 MPa	≥1 000 MPa	≥1 000 MPa	≥1 000 MPa	≥1 000 MPa
拉伸强度	≥15 MPa	≥10 MPa	≥30 MPa	≥40 MPa	≥20 MPa	≥25 MPa
断裂延伸率	≥200%	≥200%	8%～10%	10%	5%～15%	5%～15%
剪切强度	≥8 MPa	≥8 MPa	≥9 MPa	≥10 MPa	≥10 MPa	≥10 MPa
产品举例	陶氏 9050； 陶氏 2850L； 天山 TS850L； 亚什兰 PLIOGRIP 7779	Sikaflex-221； 3M TS230； Ailete UF8840	Permabond ES550； 乐泰 E-214HP； 乐新泰 3M 6011NSTF	汉高 E-120HP； 亨斯迈爱牢达 Araldite 2011； 乐泰 3M DP460	爱牢达 Araldite 2047； 海斯迪克 UV152； 乐泰 Loctite 3874	陶氏化学 WD 1300； 惠柏 AD-1055； 璞瑞科技 M7-15； 震坤行 AW106

表 3-4 复合材料应用范围及特点

类别	应用特点	应用范围(场合)
聚氨酯胶黏剂	(1) 具有良好的黏接强度和冲击强度 (2) 耐老化、耐低温、耐疲劳 (3) 耐水、耐油 (4) 使用方便、黏接强度高、堆积性好 (5) 对大多数热塑性材质和复合材料具有极佳的黏着力 (6) 良好的金属黏着力 (7) 产品结合了强度和柔韧性	常在车窗玻璃(汽车挡风玻璃胶)、车身板等装配中采用。也适用于汽车复合材料车身、车门、驾驶室顶盖、车身板等部件黏接
环氧树脂胶黏剂	(1) 对金属、热固性及热塑性复合材料有极佳的黏着力 (2) 极佳的搭接剪切强度和剥离强度 (3) 优越的抗冲击性 (4) 优异的耐化学品性 (5) 高度抗蠕变 (6) 高度抗疲劳 (7) 耐高温(胶黏剂可达 210℃) (8) 极佳的化学腐蚀性 (9) 收缩小	适用于车身门模块、复合材料壳结构、传动轴、四门两盖、外饰、座椅等结构黏接
聚甲基丙烯酸酯胶黏剂	(1) 可操作时间长，同时固化时间短 (2) 只需要简易的表面处理即可达到高强度黏着力 (3) 施工非常便利 (4) 适用于高速生产 (5) 韧性好 (6) 经久耐用 (7) 对金属、热固性及热塑性复合材料有极佳的黏着力 (8) 有较宽的适用期范围 (9) 经久耐用	适用于车灯、制动灯和反光灯外壳等照明装配黏接。也可以用于裂缝修补、金属黏合、SMC 黏合等

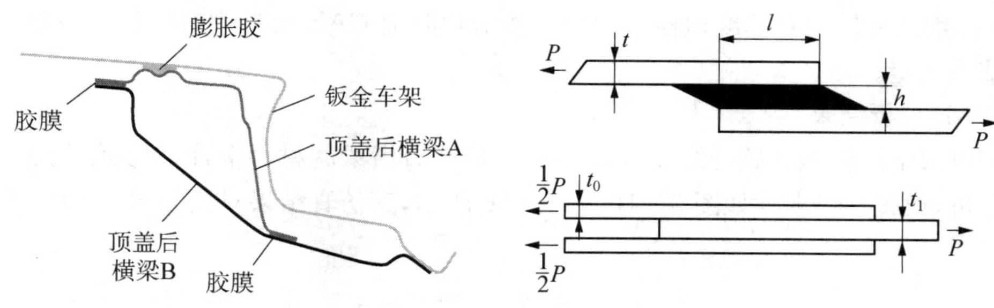

图 3－16　顶盖后横梁连接示意图

5）顶盖后横梁 A/B 铺层设计

（1）经分析，经编四轴向布（简称“四轴布”）铺覆性良好，可用于湿法模压工艺，初步铺层信息给定见表 3－5、表 3－6。

表 3－5　顶盖后横梁 A 铺层定义

顶盖后横梁 A			
PLY	材质	厚度/mm	方向
P001	580 g 四轴布	0.32	0°
P002	580 g 四轴布	0.32	45°
P003	580 g 四轴布	0.32	90°
P004	580 g 四轴布	0.32	−45°
P005	580 g 四轴布	0.32	90°
P006	580 g 四轴布	0.32	0°
层合板中心面			
总值/mm		3.84	

表 3－6　顶盖后横梁 B 铺层定义

顶盖后横梁 B			
PLY	材质	厚度/mm	方向
P001	580 g 四轴布	0.32	0°
P002	580 g 四轴布	0.32	45°
P003	580 g 四轴布	0.32	90°
P004	580 g 四轴布	0.32	−45°
P005	580 g 四轴布	0.32	0°
层合板中心面			
总值/mm		3.20	

(2) 详细设计铺层和厚度须根据材料参数卡片赋值 CAE 模型中，进行铺层优化分析得出最终结果而定。

6) CAE 分析结果

分别以钣金结构钢和碳纤维复合材料作为顶盖后横梁的材料卡片，对其结构进行 CAE 有限元分析，设置材料卡片如图 3－17、图 3－18 所示，其仿真结果对比如图 3－19、图 3－20 所示。

Properties of Outline Row 4: Structural Steel

	A	B	C
1	Property	Value	Unit
2	Density	7850	kg m^-3
3	Isotropic Secant Coefficient of Thermal Expansion		
4	Coefficient of Thermal Expansion	1.2E-05	C^-1
5	Zero-Thermal-Strain Reference Temperature	22	C
6	Isotropic Elasticity		
7	Derive from	Young's Modulus and Poisson's...	
8	Young's Modulus	2E+11	Pa
9	Poisson's Ratio	0.3	
10	Bulk Modulus	1.6667E+11	Pa
11	Shear Modulus	7.6923E+10	Pa
12	Alternating Stress Mean Stress	Tabular	
13	Interpolation	Log-Log	
14	Scale	1	
15	Offset	0	Pa
16	Strain-Life Parameters		
17	Display Curve Type	Strain-Life	
18	Strength Coefficient	9.2E+08	Pa
19	Strength Exponent	-0.106	
20	Ductility Coefficient	0.213	
21	Ductility Exponent	-0.47	
22	Cyclic Strength Coefficient	1E+09	Pa
23	Cyclic Strain Hardening Exponent	0.2	
24	Tensile Yield Strength	2.5E+08	Pa
25	Compressive Yield Strength	2.5E+08	Pa
26	Tensile Ultimate Strength	4.6E+08	Pa
27	Compressive Ultimate Strength	0	Pa
28	Isotropic Thermal Conductivity	60.5	W m^-1 C^-1
29	Specific Heat	434	J kg^-1 C^-1
30	Isotropic Relative Permeability	10000	
31	Isotropic Resistivity	1.7E-07	ohm m

图 3－17　钣金结构钢材料卡片图

Properties of Outline Row 4: Epoxy Carbon Woven (230 GPa) Wet

	A	B	C	D	E
1	Property	Value	Unit		
2	Density	1.451E-09	mm^-3 t		
3	Orthotropic Secant Coefficient of Thermal Expansion				
4	Coefficient of Thermal Expansion				
5	Coefficient of Thermal Expansion X direction	2.2E-06	C^-1		
6	Coefficient of Thermal Expansion Y direction	2.2E-06	C^-1		
7	Coefficient of Thermal Expansion Z direction	1E-05	C^-1		
8	Zero-Thermal-Strain Reference Temperature	20	C		
9	Orthotropic Elasticity				
10	Young's Modulus X direction	59160	MPa		
11	Young's Modulus Y direction	59160	MPa		
12	Young's Modulus Z direction	7500	MPa		
13	Poisson's Ratio XY	0.04			
14	Poisson's Ratio YZ	0.3			
15	Poisson's Ratio XZ	0.3			
16	Shear Modulus XY	17500	MPa		
17	Shear Modulus YZ	2700	MPa		
18	Shear Modulus XZ	2700	MPa		
19	Orthotropic Stress Limits				
20	Tensile X direction	513	MPa		
21	Tensile Y direction	513	MPa		
22	Tensile Z direction	50	MPa		
23	Compressive X direction	-437	MPa		
24	Compressive Y direction	-437	MPa		
25	Compressive Z direction	-150	MPa		
26	Shear XY	120	MPa		
27	Shear YZ	55	MPa		
28	Shear XZ	55	MPa		
29	Orthotropic Strain Limits				
39	Tsai-Wu Constants				
40	Coupling Coefficient XY	-1			
41	Coupling Coefficient YZ	-1			
42	Coupling Coefficient XZ	-1			
43	Ply Type				
44	Type	Regular			

图 3－18　碳纤维复合材料卡片图

CAE分析结果(顶盖后横梁A)如图3-19所示,图3-19a为钣金结构钢材料分析结果图,图3-19b为碳纤维复合材料分析结果图。

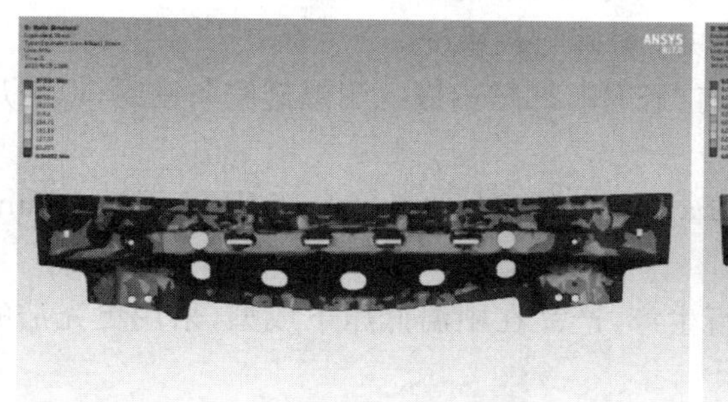

(a) 钣金结构钢材料

(b) 碳纤维复合材料

图3-19　顶盖后横梁A的CAE分析结果图

具体参数有:钣金刚度为189.66 GPa;复合材料为Epoxy Carbon Woven (230 GPa) Wet;碳纤维复合材料为平均刚度12.59 GPa。

CAE分析结果(顶盖后横梁B)如图3-20所示,图3-20a为钣金结构钢材料分析结果图,图3-20b为碳纤维复合材料分析结果图。

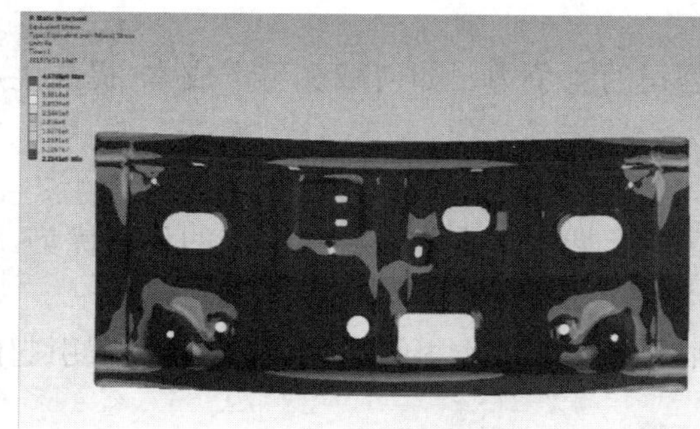

(a) 钣金结构钢材料

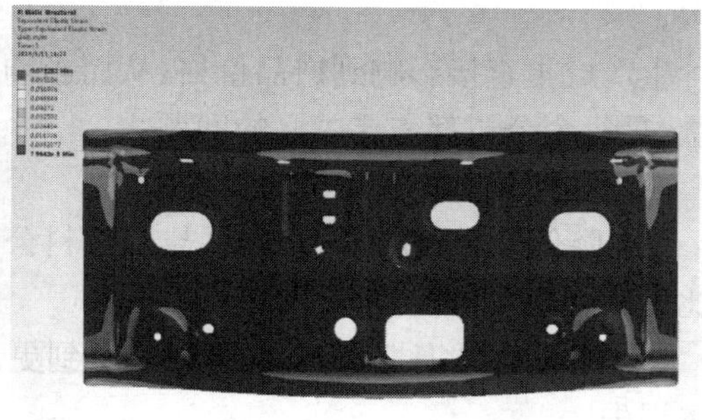

(b) 碳纤维复合材料

图3-20　顶盖后横梁B的CAE分析结果图

具体参数有:钣金刚度为198.81 GPa;复合材料为Epoxy Carbon Woven (230 GPa) Wet;平均刚度为8.25 GPa。

CAE分析结果表明该结构无明显应力集中,无明显变形。产品在设备、工艺、技术和质量以及连接技术上都做了充分的前期研究工作,技术上有保证,采用湿法模压方案可行。

3.2.4　项目总结

1) 项目设计方面

汽车顶盖后横梁技术方案的重点和难点在于湿法模压的成型工艺可行性与工艺重点。湿法模压对于复合材料成型起到关键作用,其中工艺研究的重点在于温度、压力、树脂喷射轨迹以及模具气密性的严格控制。现将本案例中湿法模压的研究重点总结如下:

(1) 快速固化基体开发:树脂组分预热、混合、保温,60～80℃树脂黏度最低,喷淋准备。

(2) 树脂喷射轨迹：柔性自动伸缩式喷淋臂＋多喷头喷淋，一次行程完成喷淋。固化温度曲线与树脂浸润：快速升温系统＋树脂计量系统，直接升温到固化温度。

(3) 合模速度：采用直流电机控制液压快速升降导柱系统。

(4) 抽真空系统：上、下模具边缘设计有凸凹槽，凹槽内嵌入耐温硅胶条密封，以满足合模密封性要求。

(5) 质量一致性控制：在真空度 0.1 MPa 下，固化压力(0.1～0.5 MPa)，浸润 4 min，可消除气泡、干斑(树脂富集)。

(6) 采用碳纤维专用钢模及液压机进行生产，产品在中温低压下成型，采用更光洁的模具表面，能保证产品外观质量。

(7) 通过模具周边胶条嵌入来保证气密性，通过抽真空和锁模力控制能有效保证产品的尺寸稳定性和质量。

2) 生产成本方面

在实际生产制造中，生产成本包括基本生产成本(base cost of manufacture)和辅助生产成本。基本生产成本是指基本生产车间发生的成本，包括直接人工、直接材料和制造费用。辅助生产成本是指辅助生产车间为生产产品或提供劳务而发生的原材料费用、动力费用、工资及福利费用以及辅助生产车间的制造费用，也被称为辅助生产费用。为生产和提供一定种类、一定数量的产品或劳务所发生的辅助生产费用之和，构成该种产品或劳务的辅助生产成本。

生产成本直接影响到产品价格，从而影响公司的竞争力。如何减少生产成本、提高生产质量，是每个公司都需要关心的问题。

减少生产成本的途径如下：

(1) 降低原材料的价格，通过与原材料公司的长期稳定合作来获得一定的价格优势，获得比市面上更低的价格。

(2) 通过软件模拟仿真铺层结构，得到更加准确、合理的结构，减少由于设计失误引起的成本损失。

(3) 选取合适的加工工艺，降低加工工艺造成的生产成本。

(4) 提高生产能力，降低单个产品成本。

本案例中选取湿法模压工艺，是因为对于顶盖后横梁 A/B，结构不很复杂，无较大的弧度或曲面，结构基本对称，顶盖后横梁 A 初步厚度设计为 3.84 mm，顶盖后横梁 B 初步厚度设计为 3.2 mm；孔位对称分布，受力均衡。湿法模压工艺可以满足承载和质量要求，并且相对经济。

3) 设计总结与启示

本案例的研究问题是汽车顶盖后横梁的轻量化问题。上海波客实业有限公司致力于复合材料在航空航天、汽车领域的正向研发工作，将本案例的问题转换为用碳纤维复合材料来代替传统钣金结构钢材料(即材料轻量化)，从而来解决汽车轻量化的问题。

材料轻量化所带来的问题就是结构件强度的问题，要实现工装样件替换后车身关键性能不低于原基础车型，就必须对替换后的工装样件与原车身周边部件连接方式进行定义，并使用软件仿真模拟得到结果。如图 3-21 所示为车架与工装样件的连接示意图。

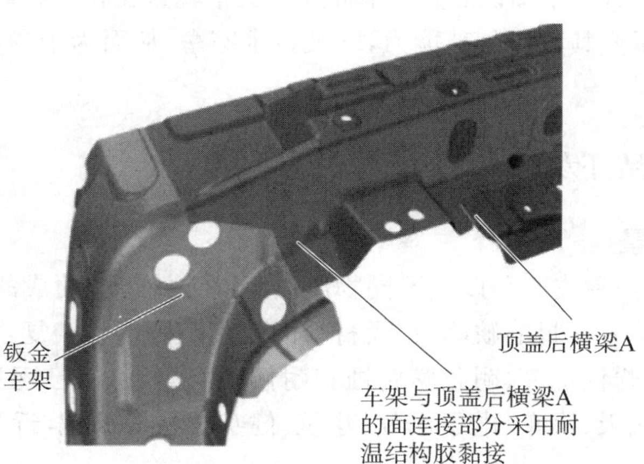

图3-21 顶盖后横梁总成与侧围连接示意图

本案例为汽车顶盖后横梁技术方案，设计输入及要求为工装样件替换后原车身性能不低于原基础车型，并且后横梁A/B与周边件以焊接方式装配，实现该方案比原钣金结构钢方案减重30%。

在本设计方案中，主要采用材料轻量化的方法，使用碳纤维复合材料来代替原钣金结构钢材料。采用湿法模压工艺成型碳纤维结构，并通过胶铆的混合连接方式连接周边件，保证零件强度。总结要点如下：

(1) 采用湿法模压工艺，以低黏度树脂作基体，固化周期3 min左右，低压成型。

(2) 湿法模压适用于顶盖后横梁A/B。

(3) 为在190℃加热30 min条件下通过电泳，可在复合材料表面进行耐温型酚醛树脂涂层，电泳过程中固化涂层。建议将复合材料分开做低温电泳140～150℃或者不做电泳。

(4) 产品在设备、工艺、技术和质量以及连接技术上都做了充分的前期研究工作，技术上有保证，采用湿法模压方案可行。

(5) 年生产能力10万件，降低了单个零件的成本。

3.2.5 相关学科知识

在本案例中，采用材料轻量化的方法减重汽车顶盖后横梁的方案设计，运用到本科生课程中的机械工程材料(碳纤维等复合材料的特性)、材料力学(复合材料力学特性分析)、机械设计及机械装备结构设计(优化结构、实现结构减重、拓扑优化)、机械制造(磨具、材料成型)、有限元分析(Hyperworks、Hypermesh)等学科基础知识。

建模时使用Catia、AutoCAD软件进行后横梁实体建模，以及用FiberSim进行复合材料铺层定义，二维出图。有限元分析使用Hyperworks、Hypermesh软件进行网格划分及质量分析。

经过对汽车顶盖后横梁技术背景的调研可见，汽车轻量化不仅可以降低企业生产成本，而且能够实现环境的绿色可持续发展，增强经济发展与环境保护协同兼顾意识，促进自身对于生态文明理念的深入理解。在学校学习中，理论的学习能为工作技能和能力的培养打下坚实的基础；在工程实践中，勤学好问，多向有着丰富工作经验的前辈请教，以工程实践经验反哺所学知识，不断提升所学知识的熟练掌握度。汽车轻量化在于材料的创新，需要培养学生的科研创新意识，提升其科研创新能力，突破技术壁垒，从而为中国特色社会主义建设贡献自己的力量。

3.3 复合材料产品开发

3.3.1 项目背景

复合材料是指由两种或两种以上不同物质以不同方式组合而成的材料，它可以发挥各种材料的优点，克服单一材料的缺陷，扩大材料的应用范围。由于复合材料具有重量轻、强度高、加工成型方便、弹性优良、耐化学腐蚀和耐候性好等特点，已逐步取代木材及金属合金，广泛应用于航空航天、汽车、电子电气、建筑、健身器材等领域，近几年更是得到了飞速发展。

随着科技的发展，碳纤维、硼纤维等增强复合材料相继问世，高分子复合材料家族更加完备，成为众多产业的必备材料。目前全世界复合材料的年产量已达550多万吨，年产值达1 300亿美元以上。从全球范围看，世界复合材料的生产主要集中在欧美和东亚地区。近几年欧美复合材料产需均持续增长，而亚洲的日本则因经济不景气发展较为缓慢，但中国的市场发展迅速。汽车用复合材料的迅速增加，使得美国汽车在全球市场上重新崛起。亚洲近几年复合材料的发展情况与政治经济的整体变化密切相关，各国的占有率变化很大。总体而言，亚洲的复合材料仍将继续增长。

从应用上看，复合材料在美国和欧洲主要用于航空航天、汽车等行业。而在日本，复合材料主要用于住宅建设，如卫浴设备等。不过从全球范围看，汽车工业是复合材料最大的用户，今后发展潜力仍十分巨大，目前还有许多新技术正在开发中。例如，为降低发动机噪声、增加轿车的舒适性，正着力开发两层冷轧板间粘附热塑性树脂的减振钢板；为满足发动机向高速、增压、高负荷方向发展的要求，发动机活塞、连杆、轴瓦已开始应用金属基复合材料。为满足汽车轻量化要求，必将会有越来越多的新型复合材料被应用到汽车制造业中。与此同时，随着近年来人们对环保问题的日益重视，高分子复合材料取代木材方面的应用也得到了进一步推广。例如，用植物纤维与废塑料加工而成的复合材料，在北美已被大量用作托盘和包装箱，用以替代木制产品；可降解复合材料也成为国内外开发研究的重点。

上海波客实业有限公司专注于复合材料在航空航天、汽车、机车等行业应用中的计算机辅助工程咨询、产品设计、软件研发及代理，为复合材料产品应用提供正向研发服务和软件解决方案，已通过高新技术企业认定和AS9100C航空质量管理体系认证，率先建立复合材料产品的“方案-材料-设计-分析-工艺-试验”一体化的正向开发流程和技术体系。在车辆复合材料领域，上海波客实业有限公司是泛亚、上汽、北汽、一汽、众泰、前途、中汽院等公司的第一批复合材料技术供应商，不仅提供了专业的汽车复合材料零部件咨询设计和样件制作服务，且开始介入多个机车型号的复合材料应用项目并致力于复合材料在各行业的应用和创新，为产品轻量化及中国制造转型升级而做出贡献。

3.3.2 研究目标

为公司客户提供正向研发服务和软件解决方案，建立复合材料产品的“方案-材料-设计-分析-工艺-试验”一体化的正向开发流程和技术体系，具体内容包括：

(1) 制定复合材料研发规范要求，制定设计规范、顶层规划、产品定义和法规要求。

(2) 为复合材料产品研发进行设计研究，使用成套的研究方案对产品设计性能进行分析、结构优化并详细设计，最终标注产品工艺技术特征，绘制产品规范技术图纸。

(3) 对复合材料产品进行试验验证，包括结构试验、整机虚拟试验验证、设计验证计划(design verification plan, DVP)验证和首件验证试验。

(4) 规划生产工艺，制定工艺方案，制作样件、进行试生产攻关和认证、批量生产。

3.3.3 过程描述

复合材料产品总体研发流程如图 3-22 所示。

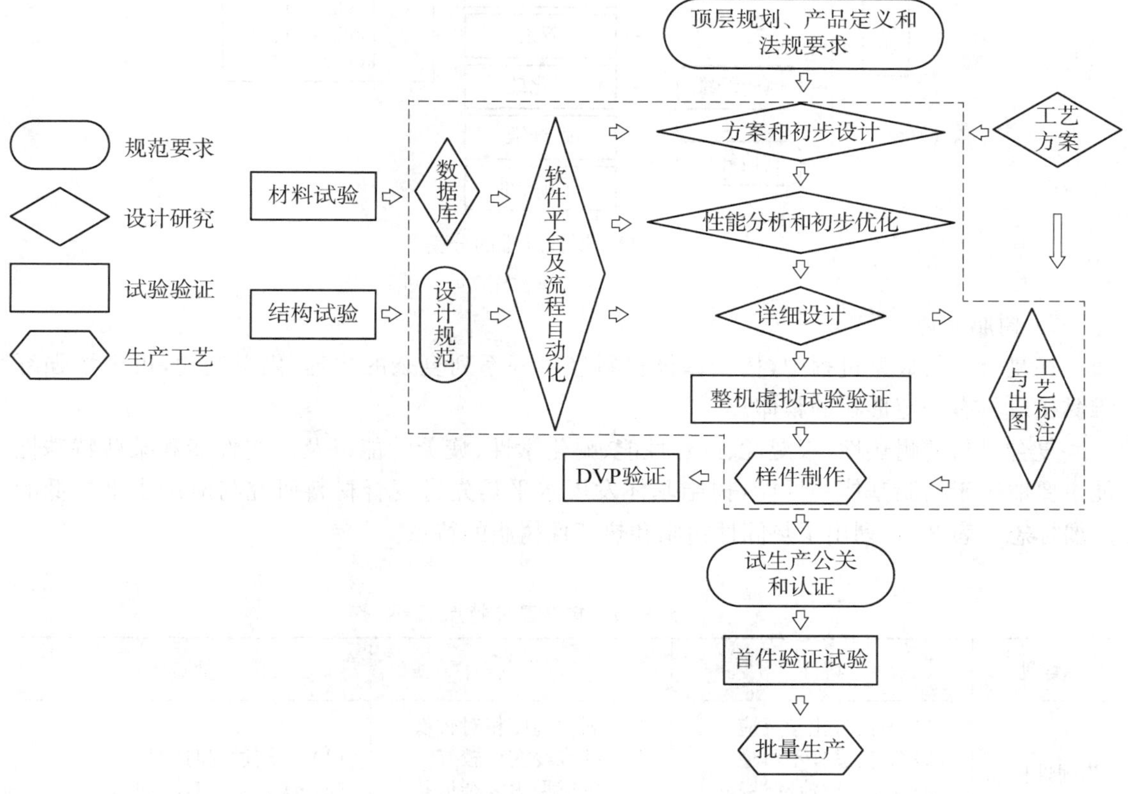

图 3-22 复合材料产品总体研发流程

3.3.3.1 复合材料选择

复合材料主要由增强纤维和树脂基体组成，其中增强纤维又包括有机纤维和陶瓷纤维等，树脂基体也包括热固性和热塑性的多种物质，树脂基体的作用是把增强纤维黏接成具有一定形状的整体。通过不同的增强纤维和树脂基体的组合，经过特殊的加工工艺过后，可以形成材料力学性能不一的复合材料。在上海波客实业有限公司，主要研究的复合材料对象为碳纤维复合材料，所谓碳纤维复合材料，是指用高性能增强体碳纤维置于基体树脂材料内复合而成的材料，是现代化先进的复合材料，主要用在国防工业、航空航天、精密机械、机器人结构件等领域。复合材料的种类繁多，工艺和性能也各不相同，因此在复合材料的选择上，也应当根据不同的使用需求和制造工艺及成本来选择不同的复合材料。

1）增强纤维

增强纤维的分类如图 3－23 所示。

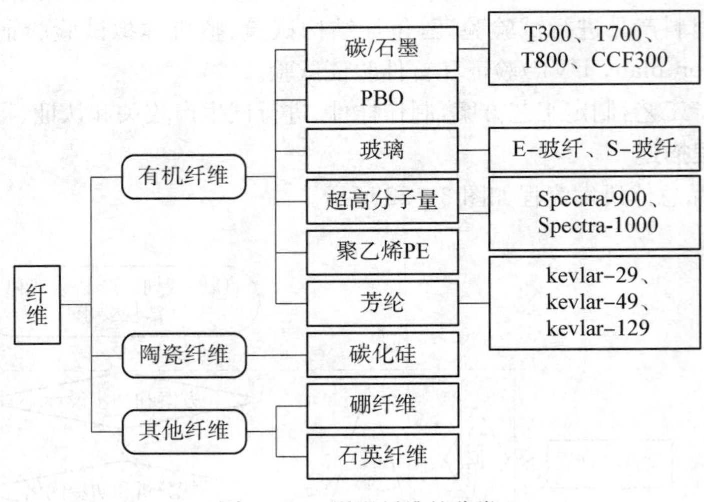

图 3－23　增强纤维的分类

2）树脂基体

在复合材料成型过程中，树脂基体材料经过一系列复杂的物理/化学变化，可把增强纤维黏接成具有一定形状的整体。

复合材料的耐热性、吸湿性、湿热性能、耐化学性、疲劳性能以及工艺性能和某些特殊性能主要取决于树脂基体的性能，树脂基体发展水平是先进复合材料研究与应用水平高低的重要标志。表 3－7 列出了热固性树脂和热塑性树脂的特点。

表 3－7　树脂基体特点

类型	特性	优点	缺点
热固性树脂	（1）固化时化学反应 （2）工艺过程不可逆 （3）黏度低/流动性高 （4）固化时间长（>2 h）	（1）固化温度相对较低 （2）纤维浸润性较好 （3）可成型为复杂形状 （4）黏度低	（1）工艺过程时间长 （2）低温储存有限期
热塑性树脂	（1）无化学反应 （2）可再加工 （3）黏度高/流动性低 （4）工艺时间较短	（1）韧性优于热固性 （2）废料可重复利用 （3）室温储存无限期 （4）抗分层能力强	（1）固化温度高 （2）耐化学溶剂性低 （3）释放气体有污染 （4）工艺经验少 （5）数据库少

3）选材原则

选材原则如图 3－24 所示。

（1）满足结构使用要求/结构完整性要求，拉伸、压缩强度高；韧性好；抗冲击损伤性能好。

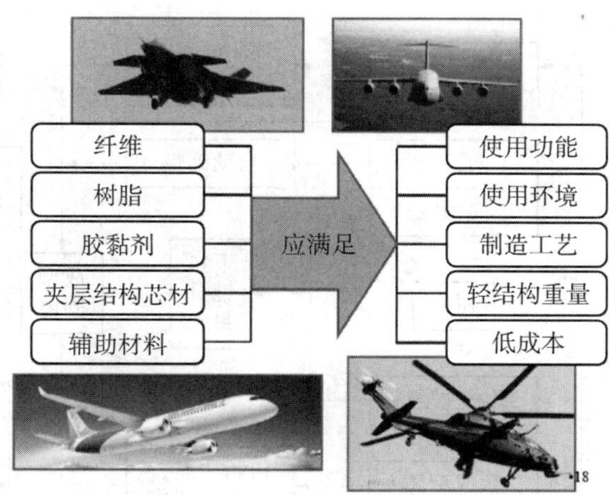

图 3 - 24　选材原则

(2) 满足结构使用环境要求，材料最高使用温度高于结构最高使用温度；湿热环境下的性能下降满足使用要求；耐介质（燃油、液压油等）性能优良。

(3) 具有良好的工艺性、成型固化工艺性（铺贴性好、加压带宽等）、机械加工性和可修理性。

(4) 满足结构特殊功能要求如介电性能、电磁性能，阻燃、低毒等。

(5) 具有较低的价格。

(6) 具有可靠且稳定的供应渠道。

3.3.3.2　复合材料成型工艺

复合材料有着优良的性能，但其成型工艺却并不简单。复合材料的成型工艺主要可以分为两大类，包括热压成型和液体成型。热压罐成型工艺是热压成型的最主要的一种工艺，主要包括预浸料制备（纤维浸润树脂）、预浸料裁剪（根据结构几何裁切纤维编织布）、预浸料铺放、封装、热压罐内固化成型。这其中的每一个步骤又涉及不同的方法和工艺，以适应各种不同的产品制造。液体成型工艺中又包含多种工艺，有普通树脂转移模塑成型（resin transfer molding，RTM）、树脂膜熔渗（resin film infusion，RFI）、真空辅助成型（vacuum assisted resin infusion，VARI）等工艺，不同的工艺因为不同的成型条件和加工过程而有不同的特性及优缺点，因此适应不同的产品制作。

1) 热压罐成型工艺

第一步：预浸料制备（纤维浸润树脂）。

第二步：预浸料裁剪（根据结构几何尺寸）手工下料；自动下料刀具：拖刀、高频振荡刀、超声刀。

第三步：预浸料铺放。包括：①手工铺放：适合小型复杂结构，工程中需激光投影定位，过程中需要预压实；② 自动铺放：自动铺带（automated tape-laing，ATL）、自动铺丝（automated tow placement，ATP）适合大型相对简单结构。

第四步：封装。

第五步：热压罐内固化成型。

纤维成型工艺如图 3 - 25 所示。热压罐固化工艺的参数设定，主要包括温度、压力、时

纤维
丝束
织物
自动铺丝
单向预浸带
单向预浸料
树脂
织物预浸料
预成型体
树脂注射、渗透、转移
自动铺带
下料铺叠封装
成型固体
无损检测
制件交付
液体成型
热压成型
液体成型

图 3-25　纤维成型工艺

间、真空度、升温速率等，不同树脂体系的固化工艺不同。

2）液体成型工艺

（1）普通 RTM。在压力注入或外加真空辅助条件下，具有反应活性的低黏度液态树脂在闭合模具里流动并排除气体，浸润并浸渍干态纤维体；树脂在模具内通过热引发交联反应，完成固化。

图 3-26 所示为液体成型工艺流程。

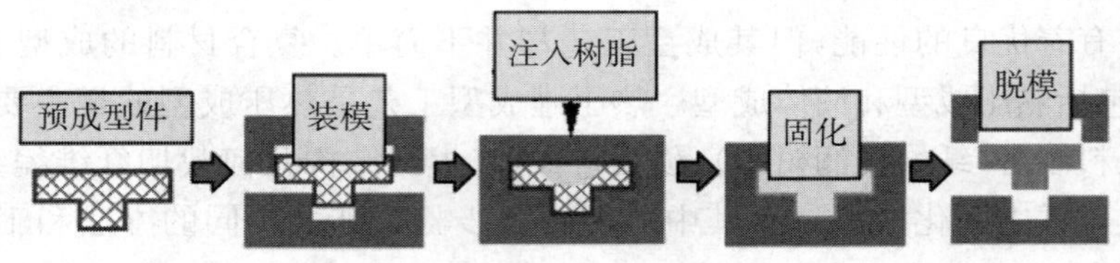

图 3-26　液体成型工艺流程

其优点如下：

① 闭合模成型尺寸稳定、精度高、表面光滑。

② 成型后修整加工量少，原材料利用率高。

③ 纤维体积含量可达 55%～60%。

④ 采用预成型体提高损伤容限性能。

⑤ 无需预浸料，不进热压罐，成本低。

其缺点如下：

① 闭合模具密封要求高，初始费用高。

② 预成型体难以准确置入模具并保持在恰当的位置。

（2）普通 VARI 工艺流程为：准备模具→喷涂胶衣→材料铺放→封装→抽真空→配树脂→导入树脂→脱模修整。

VARI 成型的技术要求如下：

① 采用黏度低、力学性能好的树脂。

② 树脂黏度应在 0.1～0.3 Pa·s 范围内，便于流动和渗透。

③ 足够长时间内树脂黏度不超出 0.3 Pa·s。

④ 足够的真空度，真空度不低于−97 kPa。

⑤ 选择合适的导流介质，利于树脂流动和渗透。

⑥ 保证良好的密封，防止空气进入体系而产生气泡。

⑦ 合理的流道设计，避免缺陷的产生。

3.3.3.3　复合材料结构设计

在实际的产品设计生产中，复合材料必须根据对应的设计流程来进行设计，才能保证最终完成的产品可以合格，并在满足性能指标的情况下通过优化来获得成本较低、满足需求的产品。碳纤维复合材料设计主要应当满足铺层设计、铺层过渡设计、圆角半径设计、下陷设计和开口设计等方面的要求。

1）铺层设计

铺层方向应按强度、刚度要求确定，为满足层压板力学性能要求，可以设计任意方向铺层，但为简化设计、分析和工艺，通常采用四个方向铺层，即 0°、±45°、90°铺层，如图 3-27 所示，0°方向是主应力方向或载荷轴。

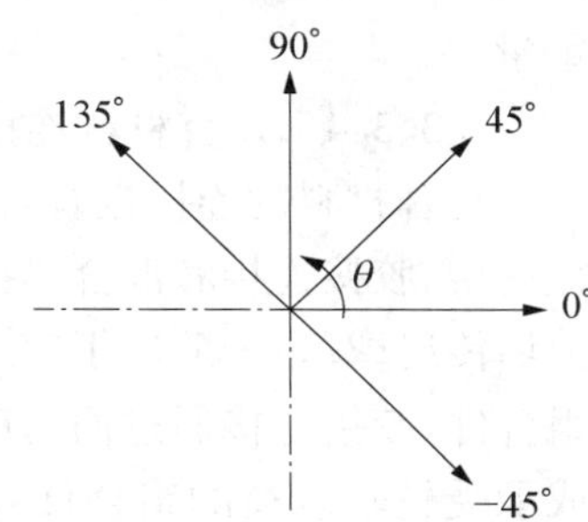

图 3-27　铺层方向坐标示意图

建议一个构件中应同时包括 0°、±45°、90°四种铺层，为简化层合板的分析和设计，应尽量采用成对的±45°铺层（±θ 铺层应尽量靠近，可有效地降低弯扭耦合，以免影响有效刚度和稳定性，但±θ 铺层分开则有利于减小层间剪切应力，两者是矛盾的）。如有其他需要或缠绕时，则不受上述限制。

单一方向的铺层数占总铺层数的百分比在 10%～60%为宜。受拉、压为主的构件，应以 0°铺层居多为宜，0°主要承受拉、压载荷；受剪为主的构件，应以±45°铺层居多为宜，±45°主要承受剪力。由于泊松比不同会引起横向收缩的不同，会产生层间应力，90°用于调整泊松比；胶接或共固化的元件之间泊松比相差不能超过 0.1。

2）铺层过渡设计

铺层拼接有对接与搭接两种形式。铺层拼接的方式取决于材料和工艺。

层压板铺层过渡区的设计应遵循以下原则：

（1）避免在层压板外表面做铺层递减，铺层外表面至少有 2 层连续层，避免边缘分层，对载荷重新分配起辅助作用。

（2）相邻铺层不允许在同一位置递减，应采用斜坡递减。

（3）递减后的铺层仍应保证对称均衡。

（4）相邻递减的铺层不超过 3 层，即每 3 个相邻连续递减铺层必须有一个连续层覆盖。

（5）如递减铺层数很多，可采用钻石型（diamond）和箭型（arrow），推荐使用钻石型递减形式。

3）圆角半径设计

层压结构的圆角半径与所选用材料的柔性、模具、层压件厚度等有关。最小圆角半径须与制造部门确定，圆角半径过小，会在拐角区域发生纤维拉断、架桥和树脂堆积等制造缺陷，因此，设计复合材料层压结构时，在拐角处应尽可能地给予较大的半径，尽量避免形成尖锐的棱角。

4）下陷设计

复合材料层压件下陷过渡区域存在着偏心力矩，下陷愈深，偏心力矩越大，因此应尽量避免复合材料下陷。下陷成型应在材料的软状态下进行。

5）开口设计

复合材料层压件开口设计须遵循以下原则：与金属结构一样，开孔势必影响层压板结构强度，增加工艺难度。但由于设计上的要求，如工艺施工、检查维护、设备安装、管路通过等，须在层压板上开孔，考虑开孔尺寸和形状时，应尽可能少地切断纤维。

6）蜂窝夹芯结构设计

复合材料夹芯结构由上下复合材料面板、芯子与胶黏剂组成，胶黏剂将面板和芯子胶接成整体，传递面板和芯子之间的载荷。结构上采用夹芯结构，主要为了提高刚度和减轻重量。

3.3.3.4　复合材料连接设计

复合材料的连接也有着特殊的设计原则。如图 3－28 所示，复合材料的连接主要包括机械连接、胶接连接和混合连接。该几种连接的特点分别是：机械连接（即螺栓连接）通过面内剪切传递载荷，一般用于较厚的层合板（≥6.4 mm），或承受较高载荷的组合件或需要拆卸的组合件；胶接连接通过面内剪切传递载荷，一般用于较薄的或中等厚度层合板（＜6.4 mm），或承受较轻载荷的组合件和无需拆卸的组合件；混合连接即连接过程中采用胶接-螺接、胶接-铆接的方式，其目的一般是出于对破损安全的考虑，以得到比只用机械连接或只有胶接连接更可靠的连接安全性和结构完整性水平。

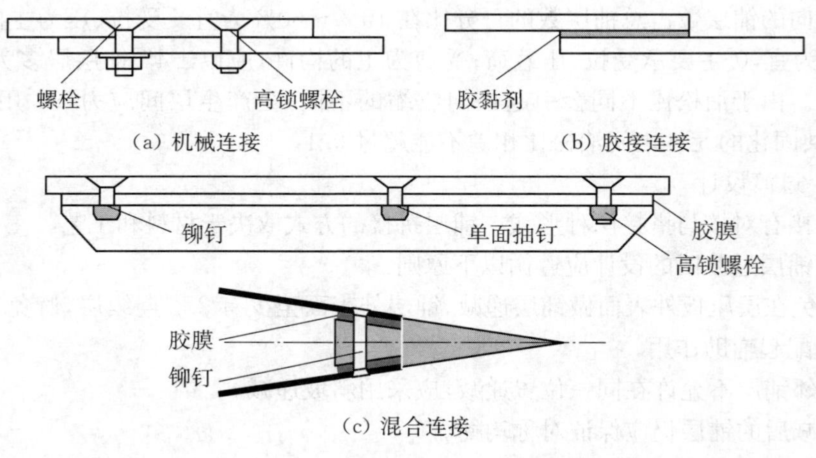

图 3－28　复合材料连接方式

1）复合材料胶接连接设计原则

机械连接和胶接连接原理不同，连接部件之间的破坏也不同，因此有不同的设计原则。

(1) 减少环境影响。复合材料与金属的电位存在差异，因此，与金属胶接时，应对金属零件表面进行适当的表面处理；复合材料层合板与钢、铝合金胶接时，应在它们中间加一层玻璃纤维布，以防止电位腐蚀；夹层结构周边所有胶缝都应采取有效密封，以防湿气侵入。

(2) 铺层设计与检测。复合材料层合板待胶接表面的纤维方向，应与载荷方向一致，或与载荷方向成45°角；保证胶接区100%可检。

2) 复合材料机械连接设计原则

(1) 连接几何参数及铺层设计时，应尽可能避免连接接头发生挤压破坏。

(2) 紧固件应有足够的刚度，以防其严重弯曲，从而降低层板许用挤压应力。

(3) 尽可能采用双排连接形式，平行排列疲劳强度较高，交错排列静强度略高。

(4) 连接设计应考虑今后修理的需要，允许使用加大一级尺寸的紧固件。

(5) 必须铆接时，应尽可能采用压铆工艺，在无法实现压铆的部位，允许采用锤铆，不允许采用大功率铆枪冲击铆接。

(6) 在结构允许条件下，尽可能在金属零件一侧形成铆钉镦头，若不是在复合材料构件上成型，则应在镦头一侧加钛合金或不锈钢垫圈。

(7) 不允许强迫装配连接，任何超过0.13 mm的间隙都应加垫处理：≤0.8 mm的间隙，加液体垫片；≥0.8 mm的间隙，加结构垫片。

3.3.4 项目总结

1) 项目设计方面

复合材料产品开发的重点和难点，在于产品结构设计和工艺设计及设计可行性。在产品设计中的有限元分析和零件优化对复合材料的结构起着相当关键的作用，准确地分析数据可以使得产品在制作过程中有清晰明了的工艺步骤，而规范细致的工艺要求能保证复合材料产品的生产质量，越是精益的工艺就越能生产出接近目标的产品。

2) 经济成本方面

一个公司最关心的问题是提高收入，而生产成本直接影响到产品价格。减少生产成本，提高生产质量，就能提高公司的竞争力。

减少生产成本的途径如下：

(1) 降低原材料的价格，通过与原材料公司的长期稳定合作来获得一定的价格优势，获得比市面上更低的价格。

(2) 通过软件模拟仿真铺层结构，得到更加准确、合理的结构，减少由于设计失误引起的成本损失。

(3) 选取合适的加工工艺，降低加工工艺造成的生产成本。

(4) 提高生产能力，降低单个产品成本。

本案例中，在设计复合材料产品时，需要对产品设计进行有限元分析，所需生产的零件在进行力学分析以后，将会进一步优化结构，使得零件在满足设计要求的同时，又只使用尽量少的原材料。在设计生产工艺的时候，也在满足产品生产要求的同时，选择使用最为节省成本的方法生产加工，使得生产成本进一步降低。

3) 设计总结与启示

本案例为复合材料产品设计，主要介绍了复合材料产品设计中的产品设计流程、材料选择、结构设计、工艺标准等方面，从而介绍了一个复合材料产品开发的过程。

总的来说，在进行一个复合材料产品开发的项目时，需要对整个项目进行规划，需要制定总体设计方案，包括设计规范、产品定义、法规要求等，还须设计研究产品实际可行性，对方案计划进行评估，在设计过程中需要对产品设计反复验证，分析产品性能，对产品进行优化和详细设计，当然还需要对加工生产进行工艺方案的设计，最后进行生产加工。整个项目过程中除了满足产品设计要求外，还要考虑生产成本，优化方案。

3.3.5 相关学科知识

复合材料产品开发案例中，运用到本科生课程中的机械工程材料（碳纤维等复合材料的特性）、材料力学（复合材料力学）、机械设计及机械装备结构设计（优化结构、实现结构减重、拓扑优化）、有限元分析等学科基础知识。

复合材料产品开发中，复合材料设计建模使用 Catia 和 FiberSim。复合材料制造的零件与机加工和钣金加工的零件不同。由于复合材料是由一层层的碳纤维铺层制造而成的，不同的铺层方法直接影响零件的性能，因此不能用普通的零件建模来设计复合材料零件。需要一款专门针对复合材料的软件来进行零件设计与分析，FiberSim 就是这样的一款软件，其不仅能满足复合材料的各种设计需求，并且可以完美对接 CAD、CAE、CAM 软件，让复合材料的设计更加方便快捷。有限元分析则使用 Hyperworks、Hypermesh 进行网格划分及质量分析。

复合材料设计生产过程的所学所用离不开老师知识的传授和工程师们丰富的经验，将课堂知识运用于实践，从实践反哺知识，这是一个学以致用的过程。努力提升所学知识的掌握熟练度，并不断增强创新意识，提升创新能力，把创新放在主要地位，从而设计出现代化先进的复合材料。

3.4 基于以太网的车间机床状态监控系统开发与应用

3.4.1 项目背景

数控机床的普及，使得越来越多企业选择采用数控机床代替普通机床，使用数控机床一方面可以提高生产效率及产品的精度，另一方面又可以节省劳动力，一个操作员可以同时管理多台数控机床的加工。但是数控机床在进行加工产品过程中，需要操作员频繁观察机床的运行情况，如加工刀具是否断裂、加工切削油是否供应到位等，而在交接班过程中操作员会较少，这样机床很容易出现问题，比如在长时间加工过程中，刀具很容易崩刀或断裂，如果发现不及时，会导致整个刀具结合部断裂，这样不仅增加了成本，甚至还有可能会撞坏主轴，同时影响加工效率。在切削过程中产生的废屑还会堵塞切削油的正常供应，若不及时排除，可能会供油不畅，使刀具在加工过程中发热直至崩塌，影响下一步的加工，这就凸显了监控系统的必要性。

监控系统的关键点在于：①实时反馈。由于数控机床在运行中会产生各种类型的数据，而有时候操作不当也会产生不同类型的报警指令，因此对于这些数据的分类管理就是监控系统所必需的内容。通常，一个机床的监控系统大致会对这些数据进行监控，如主轴转速、主轴负载、进给速度、伺服轴负载、伺服轴电流、刀具号和程序号。这些数据能够检测当前机床的运行状态以及内部运行的程序情况、当前所执行的指令内容等，当其中的数据与正常数据产生了差异，应及时通过监控系统进行报警。②对监控系统随处可见。基于工业以太网技术读写数控机床各项参数，对其进行状态监控、数据存储与处理、故障诊断与生产设备管理等，使管理和维护人员摆脱地理位置和条件的限制，有效地实现知识传播、资源共享和生产优化分析，及时准确地发现故障，指导操作和维护人员进行调控，延长设备使用寿命，提高企业效益。通过以太网将所有的机床数据上传至服务端，再通过各个车间访问服务端即可得知所有机床的运行状况，方便对其进行管理，也能够迅速发现问题。

国内外很多高校和企业对机床的数据监控进行了较为深入的研究，如湖北汽车工业学院利用 C# 设计了一套指令域数控机床加工过程动态能耗数据监控系统，通过调用 FOCAS 相关函数实现了对数控机床主轴和伺服轴负载、进给率、转速、运行程序段等信息的监控。Universiti Tun Hussein Onn Malaysia 结合人工智能神经网络计算，实现了刀具磨损程度的预测，以此提前进行预警。

总结目前数控机床的监控研究内容，其主要分为两个方面：一方面是外在软件，即监控软件，也是现在大部分企业所进行研究的，力求能够得到一个更加人性化的监控软件以及一个实时反馈信息的软件；另一方面则是内部算法，也就是现在比较火热的人工智能算法，通过对所采集的数据进行一个预先的分析，例如比较简单的刀具磨损量的预测，以此来对可能发生的问题进行一个提前预警。

以上涉及数据采集方式和监控软件是实现监控系统功能的两个重要内容，详述如下：

1）数据采集的方式

要想实现机床数据的在线实时监控，首先要针对机床特性完成对其的数据采集工作。但是当前的主流数控机床数控系统在机床通信接口上存在很多差异，加上数控系统本身的封闭性和多样性，使得数据采集方案缺乏通用性。目前机床数据采集的方法大致有两类，即通过数控机床自带通信接口进行采集和通过机床电气系统进行采集。通过机床电气系统采集也就是主要依靠外接电路将 PLC 输入输出信号传递给系统处理器芯片，并且通过外接传感器获取到信号并进行信号处理，得到数字量后传给处理芯片。最后通过网口将获取到的数据传递给上位机，并进行处理分析，又或者是通过 LabView 本身集成的很多驱动程序供外部采集卡使用。因此，可以通过电脑上开启 LabView，硬件则购买企业研发的数据采集卡对数控机床进行数据获取。以上两种方法都需要对数控机床进行额外的改造，对于企业来说十分烦琐，因此绝大多数企业也会选择通过数控机床自带的通信接口对数据进行采集。目前很多国外的厂商和 DNC 系统开发商都有自己的一套 DNC 系统，并且拥有获取机床数据的能力。比如 CIMCO 公司开发研制出的 CIMCO MDC - MAX 6、SIEMENS 自主研发的 MCIS，以及日本某公司的 MORI - NET Global Edition 等。国内也有很多公司也都实现了对机床的数据获取，其中包括北京机床研究所、蓝光等公司。国外某些软件公司还开发研制出能够对 CNC 设备各类信息进行自动采集，采集后通过 TCP/IP 将数据传送至互联网中的系统。

2）监控软件

有很多企业在对此进行研究，现在的监控系统大多都是通过以太网进行连接，由于数控系统与工业计算机需要以太网的方式连接，以太网功能主要包括远程控制、NC 数据传送等。以太网板作为一个硬件接口，以 FANUC 的数控机床为例，只有和专用的 FANUC 软件合作才能实现通信。西门子的数控系统也是同样道理。但是，经过查阅 FANUC 以及西门子的数据手册后发现，除去其自带的软件实现通信，两个系统也已经拥有了供用户自定义的数据接口，通过调用这些数据接口的内容，可实现自行编写图形用户界面（graphical user interface, GUI）软件，以此满足各自所需的监控内容。也就是说，大部分的监控所需的内容都是大同小异的，但是每个公司的不同机床所自带的数据接口却是不同的。如何满足同一个监控软件实现对不同系统的兼容，成为目前研究热点之一。

总的来说，当前比较需要的监控系统，是一个能够同时兼容不同类型机床的系统，而且最好能够有足够的能力对已经采集到的数据进行一系列的预测，不论是通过人工智能学习，还是通过规律预测，尽可能做到提前预警为最佳，这也是监控系统检测未来的重要发展方向。

3.4.2 研究目标

基于以太网的数控机床监控系统如图 3-29 所示。车间里的数控机床、服务器和监控室里的电脑通过网线连接到交换机，每台机床都设 IP 地址，电脑的系统软件为在 Windows 环境下运用 FANUC 以及西门子软件工具库，通过 QT 界面(QT，一个跨平台的 C++图形用户界面应用程序框架)开发软件，以 C++语言编制应用程序，对数控机床操作面板、电路动作和刀具轨迹进行监视，实现加工程序和系统参数的读写。

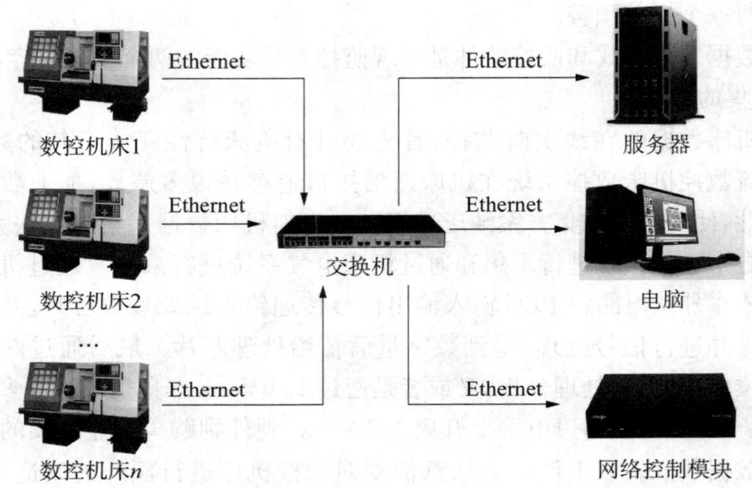

图 3-29 基于以太网的数控机床监控系统示意图

监控系统在现在研究的基础上应具有如下特点：

(1) 对传输的数据进行通信规范的处理，防止数据的乱码导致的监控系统出错。

(2) 同时兼容 FANUC 与西门子两套通信接口。

(3) 增加用户名登录模式，对安全性有了更进一步保证。

(4) 与通过局域网的内网传输方式不同，增加端口映射，实现外网对监控系统的访问。

3.4.3 过程描述

任务基本要求为基于通信规约，对 TCP/IP 的发送与接收方式进行规范，以此编写出符合规范的服务端以及客户端，建立数据库，将主机—数据库—机床进行连接，过程主要分为以下四个阶段：

阶段一：做出初始测试程序，将通信规约中的电文格式以及通信流程(例如超时检测与重发以及心跳电文等)以 QT 编写的 GUI 展现出来，完成要求。

阶段二：将完成的程序拆解为各个子函数，并加载写入动态库中，将原有的程序进行修改，制作以该动态库为基础的 TCP/IP 服务端及客户端的调用例程。

阶段三：搭建数据库，与已经构建好的动态库以及界面进行搭配，直观显示数据。

阶段四：在数控机床中设置后台程序，将所需要监控的数据上传至数据库中。

下面对上述阶段的内容进行详细阐述。

3.4.3.1　技能学习

由于该项目是以 QT 作为开发软件进行界面开发，因此需要学习 QT 的编写方式以及编写规范，并就例程进行编写实践，同时也要进行 C++语言的学习。

对于 TCP/IP 协议，其在 QT 中已经有具体的组建函数，因此可以在了解了协议的运作方式以及 QT 中已有组件函数的运用后直接进行调用。

在进行初步学习之后，已经大致掌握了如何利用 QT 进行程序编写，但在使用中发现，仅使用 QT 进行程序编写会产生不可知的编译错误。为了防止这类错误的发生，采用 VS 增加 QT5 插件的方式进行编译，可以较好地解决这类问题。同时，VS 在调试方面也比 QT Designer 设计得更好，因此也需要对此类软件以及插件进行安装。

在编写动态库时，需要注意信号槽机制以及语言规范。具体内容为：理解信号槽在动态库及程序之间的数据传输以及信号传递的过程，理解如何自己创建信号，实现信号与信号之间的连接，以及信号槽之间的连接。同时规范语言，让动态库以及例程能够方便他人理解，方便团队使用。

3.4.3.2　测试程序编写

测试程序的主要内容为将通信规约中的规则转化为可用的程序形式，例如，通信规约中规定，发送电文时，需要给电文增加数据头以及数据尾用于校验。数据头包括电文长度、电文号、电文发送日期、电文发送时间、发送端描述码、接收端描述码、传送功能码等，其中电文长度、电文发送日期、电文发送时间需要系统自动生成。具体界面如图 3-30～图 3-32 所示。

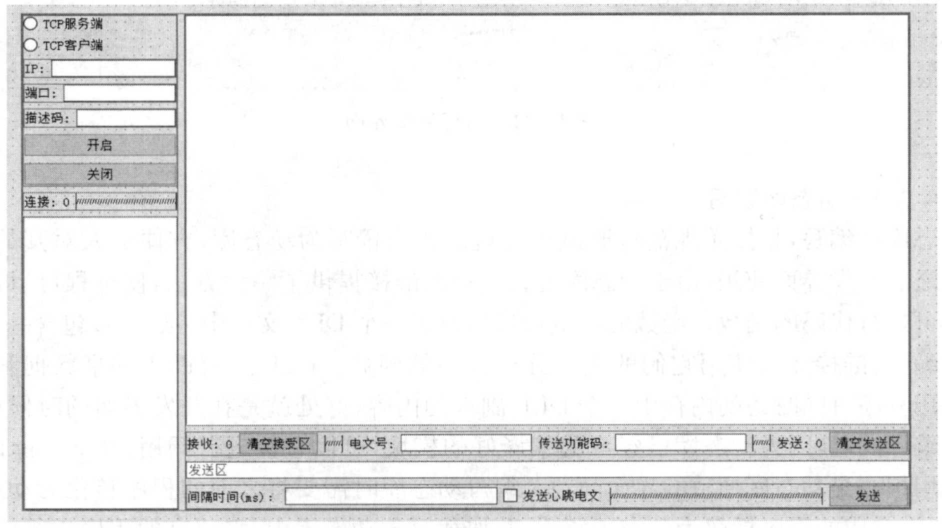

图 3-30　GUI 设计图

```
#include "tcpapp.h"
#include "ui_tcpapp.h"

tcpapp::tcpapp(QWidget *parent)
    : QMainWindow(parent)
    , ui(new Ui::tcpapp),
    onNum(0)
{
    ui->setupUi(this);
    QRegExp regExp("[^\r ]{2}");
    ui->discribeCode->setValidator(new QRegExpValidator(regExp,this));
    QRegExp regExp2("[^\r ]{6}");
    ui->codenumber->setValidator(new QRegExpValidator(regExp2,this));
    QRegExp regExp3("[^\r ]");
    ui->functioncode->setValidator(new QRegExpValidator(regExp3,this));
    QRegExp regExp4("[\x20-\x7e  -龘]+$");
    //QRegExp regExp4("[0][0][3][0][9]{6}[0-9]{4}[0-1][0-9][0-3][0-9][0-2][0-9][0-5][0-9][0-5][0-9][^\r ]{4}[C][\x0a]");
    ui->sendMsgEdit->setValidator(new QRegExpValidator(regExp4,this));
    QRegExp regExpIP("((25[0-5]|2[0-4][0-9]|1[0-9][0-9]|[1-9][0-9]|[0-9])[\\.]){3}(25[0-5]|2[0-4][0-9]|1[0-9][0-9]|[1-9][0-9]|[0-9])");
    QRegExp regExpNetPort("((6553[0-5])|[655[0-2][0-9]|65[0-4][0-9]{2}|6[0-4][0-9]{3}|[1-5][0-9]{4}|[1-9][0-9]{3}|[1-9][0-9]{2}|[1-9][0-9]|[0-9])");
    QRegExp regExptimer("[0-9]+$");
    ui->autoTimeEdit->setValidator(new QRegExpValidator(regExptimer,this));
    ui->IpEdit->setValidator(new QRegExpValidator(regExpIP,this));
    ui->PortEdit->setValidator(new QRegExpValidator(regExpNetPort,this));
    recvSize = 0;
    sendSize = 0;
    mTimer = new QTimer();
    testTimer=new QTimer();
    heartTimer=new QTimer();
    connect(mTimer,SIGNAL(timeout()),this,SLOT(auto_time_send_forconnect()));
    connect(testTimer,SIGNAL(timeout()),this,SLOT(auto_time_send()));
    connect(heartTimer,SIGNAL(timeout()),this,SLOT(shutdown()));
    ui->sendMsgEdit->setEnabled(false);
    ui->codenumber->setEnabled(false);
    ui->functioncode->setEnabled(false);
    ui->clearRcvBt->setEnabled(false);
    ui->clearSendBt->setEnabled(false);
    ui->autoTimeEdit->setEnabled(false);
    ui->autoCB->setEnabled(false);
    ui->sendMsgBt->setEnabled(false);
}
```

图 3 - 31　程序部分界面

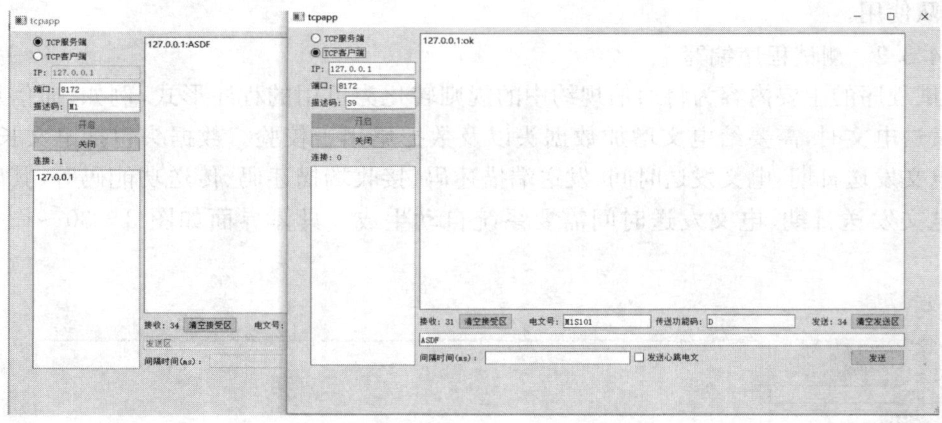

图 3 - 32　运行调试界面

3.4.3.3　动态库编写

动态库的编写，是按照规范将通讯规约里的约束撰写为动态库，方便他人对其的调用，也方便之后开发界面使用，由于动态库也就是动态链接提供了一种方法，使进程可以调用不属于其可执行代码的函数。函数的可执行代码位于一个 DLL 文件中，该 DLL 包含一个或多个已被编译、链接并与使用它们的进程分开存储的函数。DLL 还有助于共享数据和资源。多个应用程序可同时访问内存中单个 DLL 副本的内容，好处就是在开发界面的时候可以避免一些编译问题，因为动态库已经成为编译好的模块，可以直接进行调用，在 debug 的过程中也不用担心是动态库导致的界面问题。编写动态库时需要将之前的程序转化为动态库的部分，即将完成的程序拆解为各个子函数，并加载写入动态库中，将原有的程序进行修改，制作以该动态库为基础的 TCP/IP 服务端及客户端的调用例程，具体情况如图 3 - 33～图 3 - 38 所示。

```
{
    Servercodeforserver = Servercodecheck;
    Clientcodeforserver = Clientcodecheck;
}
void Client::heartcodesignal()
{
    heartcode(Servercode, Clientcode);
}
void Client::datacollect()
{
    sendcode(Codenumber, Servercode, Clientcode, Functioncode, sendcontent);
    emit client_warning("error: send repeat");
}
void Server::accept_connect()
{
    mSocket = mServer->nextPendingConnection();
    connect(mSocket,SIGNAL(disconnected()),this,SLOT(server_disconnect()));
    connect(mSocket, SIGNAL(readyRead()), this, SLOT(recv_data_Server()));
    clients.append(mSocket);
    ipname = mSocket->peerAddress().toString().remove("::ffff:");
    emit ipnamesend(ipname);
}
void Server::Serverlink(int port)
{
    bool checkport;
    QRegExp regExpNetPort("((6553[0-5])|[655[0-2][0-9]|65[0-4][0-9]{2}|6[0-4][0-9]{3}|[1-5][0-9]{4}|[1-9][0-9]{3}|[1-9][0-9]{2}|[1-9][0-9]|[0-9])");
    checkport= regExpNetPort.exactMatch(QString::number(port));
    if (checkport)
```

图 3-33　DLL 部分程序

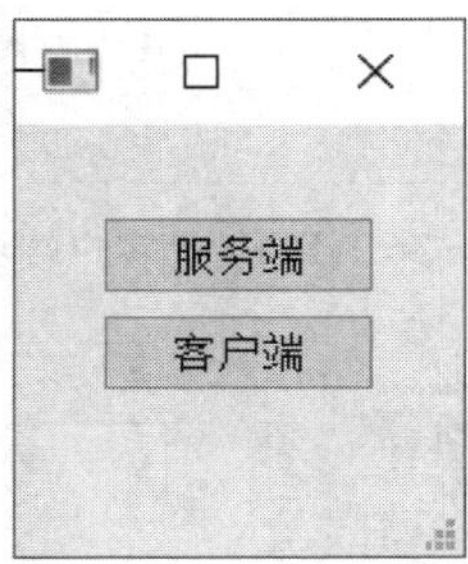

图 3-34　TCP/IP GUI 修改界面

MainWindow
TCP服务端
IP: 127.0.0.1
端口: 8172
服务端描述码: M1
客户端描述码: S1
开启
关闭
返回
连接: 0
接收: 0　清空接受区

图 3-35　TCP/IP 服务端界面

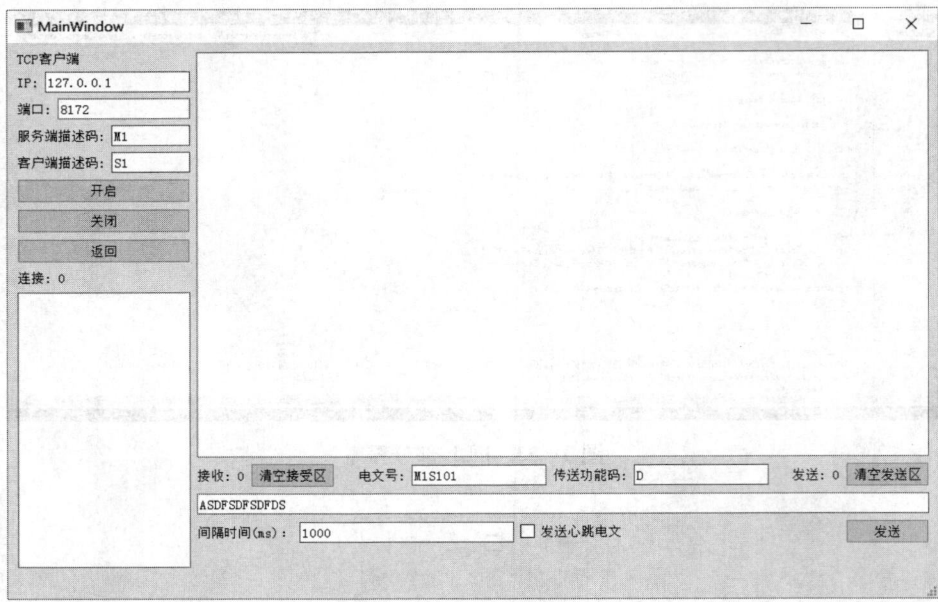

图 3-36　TCP/IP 客户端界面

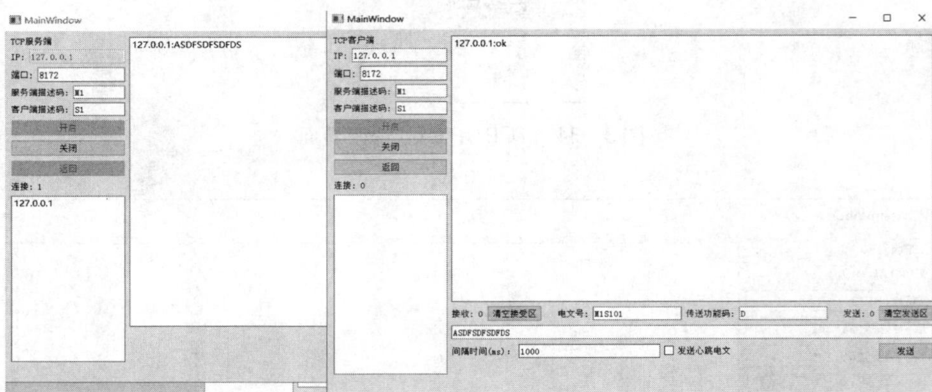

图 3-37　TCP/IP 运行界面

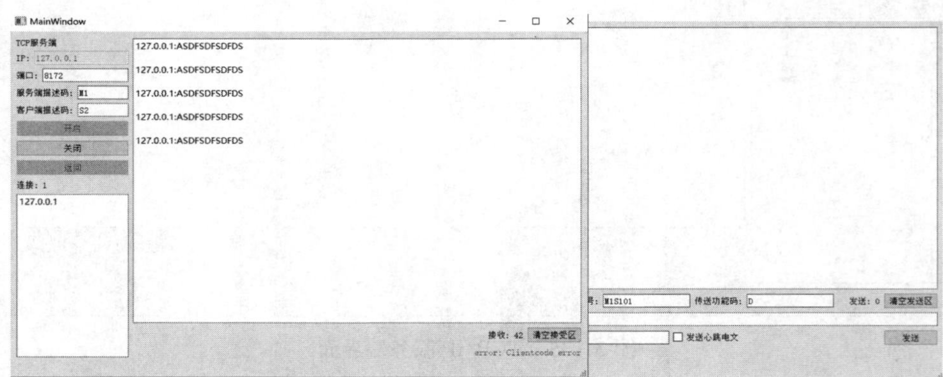

图 3-38　TCP/IP 运行报错界面

3.4.3.4　数据库搭建

通信方式如图 3-39 所示。

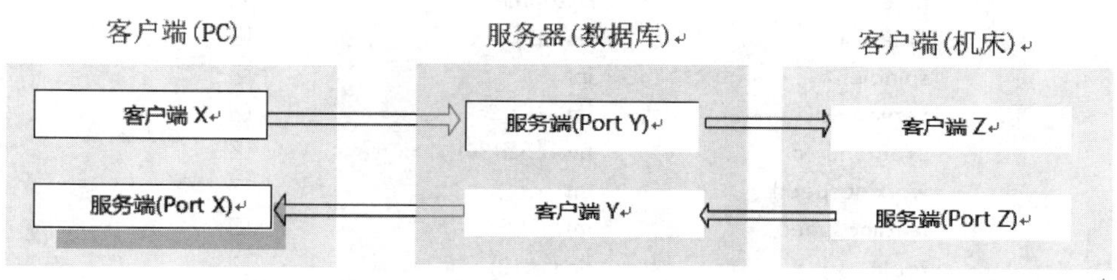

图 3-39　通信方式

即整个流程有三方介入，用户使用 PC 客户端登录系统，可对数据库(服务器)中的数据进行读取以及调整，同时数据库中存有对应用户登录的用户名以及密码及其权限，通过调用数据获得可以修改或者读取的权限。数据库中所有的数据，除用户加入内容外，其余为机床(客户端)处发送数据上传至客户端，内容实时刷新。

3.4.3.5　通信内容

1) 用户与数据库

用户与数据库间的通信内容主要为：

(1) 数据库存储用户名以及密码作为登录用，同时赋予不同的用户名不同等级的权限，软件中进行设置，对不同权限的用户显示不同的界面。

(2) PC 与服务器连接后，可读取数据库内的数据，同时进行处理后显示在界面中，赋予符合权限的用户远程操作数据库的功能。

2) 数据库与机床

数据库与机床的联系主要为：

(1) 数据库中存储对应机床的 IP 地址以及机床位(即通过通信规约中的描述码实现)，以此判断为何台机床的数据，并进行数据存储。

(2) 以西门子的数控机床为例，在机床内设置后台程序，将数据实时进行传输，存储到数据库中，同时数据库按照传输时间，进行数据备份，实现对机床历史数据的调用。

(3) 目前设计的数据读取内容包括的方面(部分展示如图 3-40 所示)有：①机床坐标信息：相对坐标，机械坐标，绝对坐标，剩余坐标。②主轴相关信息：主轴名称，主轴转速，主轴负载，同时读取转速及负载数据。③伺服轴相关信息：伺服轴名称，伺服轴转速，伺服轴负载，同时对转速以及负载进行图像处理，以数值与二维坐标图显示。④当前运行程序显示：当前程序段，当前运行转速，当前进给转速，刀具号等。⑤警告内容读取：当出现警告时，及时出现警告内容及错误代码，方便处理。

3.4.3.6　后台程序编写

以西门子系统(图 3-41、图 3-42)为例，使用西门子的仿真系统进行程序的编写，程序仍然使用 Visual Studio 作为编写软件，但是由于西门子的仿真系统指定需要 Windows 7 32 位系统，因此需要采用旧版本的 VS2008 作为编写软件。使用相应的 SINUMERIK Operate 编程包，即可建立工程，同时调用 3.4.3.4 小节中编写的数据库，编写将数据传输到数据库的程序。

machineID	nchar(10)	☐
FuncID	int	☐
company	int	☐
time	datetime	☑
timefunc	time(7)	☑
spindleID	int	☑
ServoAxisID	int	☑
programinfo	nvarchar(50)	☑
workingspeed	int	☑
feedingspeed	int	☑
toolID	nchar(10)	☑
warning	nvarchar(MAX)	☑

图 3－40 数据库部分设计

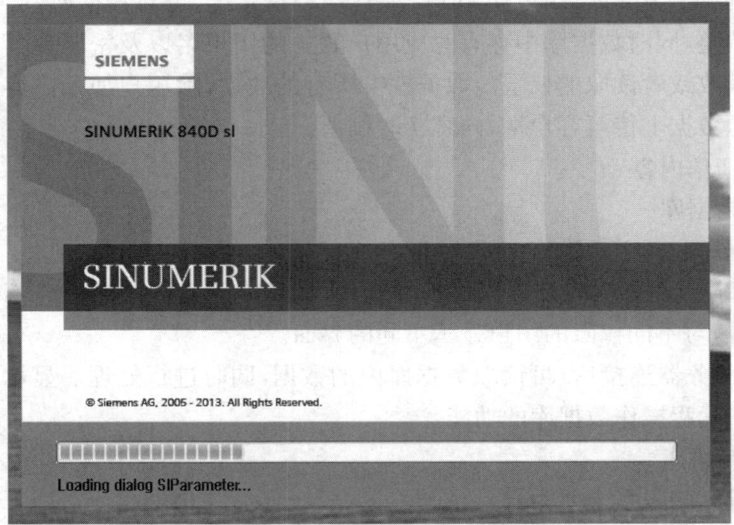

图 3－41 西门子仿真系统加载界面

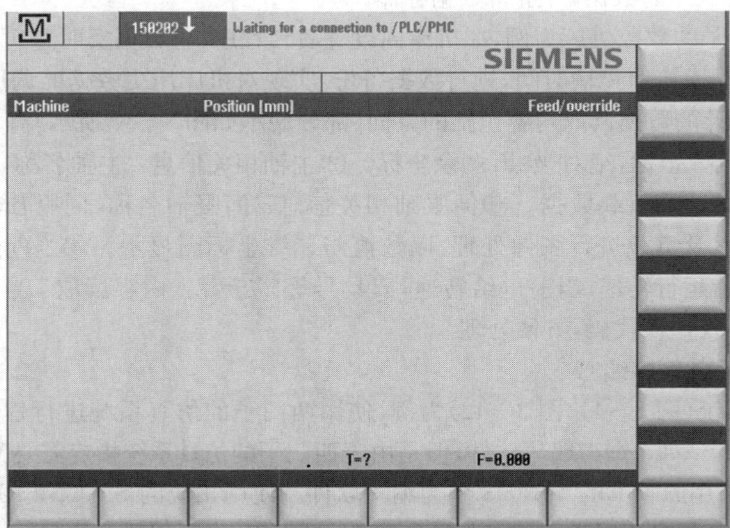

图 3－42 西门子仿真系统界面

3.4.3.7　PC客户端程序

PC客户端程序是整套系统中最主要的部分，需要将数据库中的信息简单明了地展示给使用监控系统的用户。因此需要做到直观性。经过设计，具备了用户登录界面、用户注册界面、机床选择界面、创建新机床界面以及最后的数据查看界面，分别如图3－43～图3－46所示。

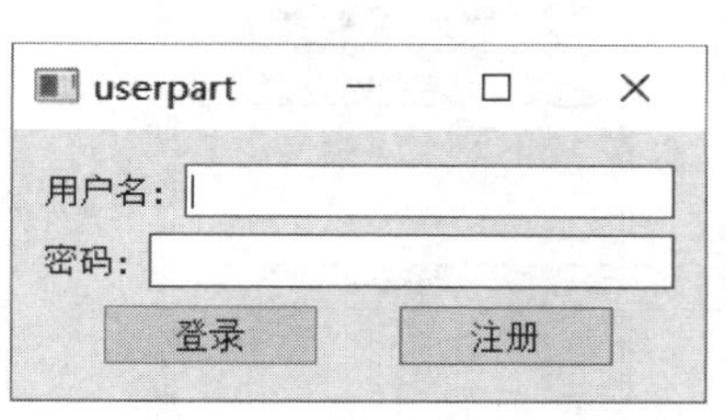

图3－43　用户登录界面

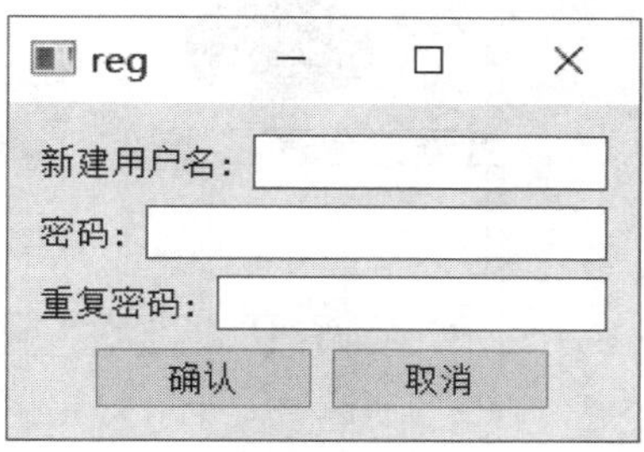

图3－44　用户注册界面

图3－45　选择机床界面

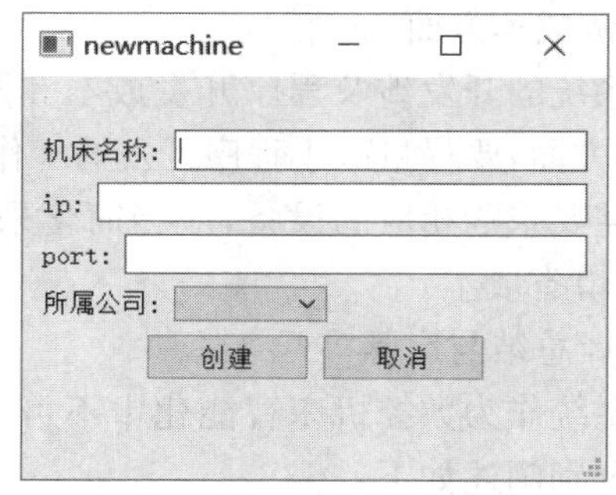

图3－46　创建新机床界面

图3－47中左边四个方框位坐标以数据显示出，右边的转速及负载以坐标轴形式表达。

3.4.4　项目总结

1）项目设计方面

针对双端的监控软件，监控系统不仅需要支持电脑端口，也应该在出现紧急状况时向手机及时报警，因此，通过编写电脑监控系统以及手机监控APP的两种应用来实现双端监控，是值得继续研究的方向。

在本案例中利用QT界面开发软件，以C＋＋语言编制应用程序，对数控机床操作面板、电路动作和刀具轨迹进行监视，能够同时兼容不同类型的机床系统，而且有足够的能力对已经采集到的数据进行一系列的预测，不论是通过人工智能学习，还是通过规律预测，做到提前预警。

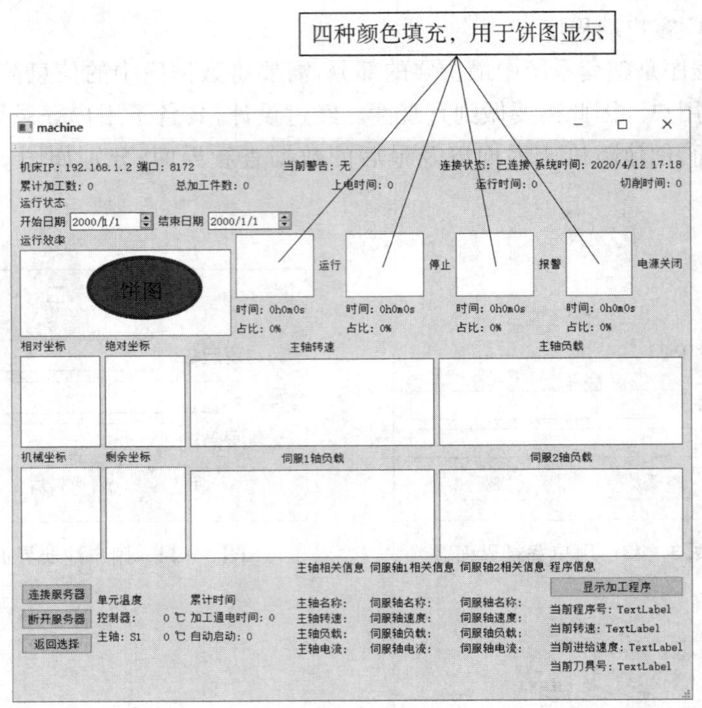

图 3-47 机床数据查看界面

2）经济成本方面

监控系统的开发涉及程序开发成本和实验验证成本。程序的开发一般成本比较高，周期较长，一方面，要尽量减小程序开发的工作量，满足要求为前提，优化程序设计；另一方面，实验验证需要采购相应的设备，应当简化采购流程，选择相匹配的设备利用，并以可二次利用为前提，节省成本。

3）设计总结与启示

监控系统作为数控机床智能化中不可或缺的一环，在编写程序的过程中也会遇到大量的问题。分别阐述如下：

(1) 学习 QT 的界面，了解信号槽机制。QT 作为界面开发工具，其中也包含着大量的组件，每个组件都有其属性，想要开发出适合的界面，需要掌握其中的属性和产生的作用。若是不了解这些，直接编写的话，只会让界面堆叠而无法使用。还有最重要的信号槽机制，由于编写程序的目的就是让界面能够实现其功能，因此需要信号槽将功能与功能之间连接起来。例如，按下按钮，能够触发相应的函数，但是如何让按下按钮的时候同时触发别的程序的功能？由于监控系统是需要多个程序之间相互配合，而非用一个程序实现所有功能，因此就需要信号槽来帮助。按下按钮会触发一个信号，而这个信号会触发另一个程序中的槽函数，这样就可以实现简单的信号槽之间的传递。信号槽也不单单能够传递一个简单的波尔量，也可以传递字符串、数据等。实现不同程序之间的关联，是十分重要的一环。

(2) 规范性编程。这点主要体现在动态库的编写上。直接编写程序可以将 TCP/IP 服务函数与 UI 界面函数结合，也就是在 QT project 中可以包含 core、network 及 GUI 三个模式，但是对于动态库来说，是不允许有 GUI 存在的，因此如何将 GUI 的程序从中剥离出来成为一大难题。在这期间需要反复利用信号槽机制，将数据与信号在程序与动态库中传递。单个程序编写，调用参数可以直接通过外部定义保存实现，但是对于动态库以及程序本身来说，这是两个不同的情况，因此所有的数据无法共通，需要通过信号槽进行互相连接。这也就牵涉到一个重要的问题，也就是动态库中的私用参数以及公用参数，也可以叫公用接口的问题。动态库作为能够直接给他人使用的模块，需要在方便别人使用的同时，也要保证自身的安全性，如果能够调用操作者不希望调用的参数，从而导致 bug，会令动态库的实用性下降，因此在编写动态库的时候，需要考虑好动态库中的参数，哪些是能够给他人调用的公用接口，哪些是需要保护的私用变量，这些都需要在编写动态库的时候考虑清楚。全部使用公用变量固然不会令程序出错，但是当不熟悉程序者使用的时候，调用错误的数据反而会导致程序出错，这也是十分重要的一点。

(3) 数据库的编写。数据库的设计不规范，会导致读取数据的时候产生许多错误，完整的数据库需要保证数据不能违背第一范式、第二范式、第三范式之类的原则，同时表与表之间应有适当的关联，每个表设计各自的主键，以及分配 ID 来进行关系的连接，方便查阅。

3.4.5　相关学科知识

在监控系统的开发案例中，运用到本科生课程中的编程语言（C＋＋）、开发软件（QT）、数控机床（机床的工作原理）、通信原理（信号传输与接收方式）、可编程逻辑控制（西门子 PLC）、机械制造基础（磨具）等学科基础知识。

监控系统的开发中，以 QT 作为开发软件进行界面开发，用 C＋＋编写应用程序对数控机床操作面板、电路动作和刀具轨迹进行监视，了解通信原理，搭建数据库，实现用户数据库与机床联系，读取机床坐标信息、主轴相关信息、伺服轴相关信息，能够预测数控机床刀具在长时间加工过程中的工作情况，实现刀具损坏时报警。

通过对我国车间机床背景进行深入的调研与考察，传统加工业也在向着智能制造方向发展，基于以太网的车间机床状态监控系统开发需要用到相当多的理论知识，在实践过程中能够将理论与实践相辅相成，熟练掌握所学的知识；基于以太网的车间机床状态监控系统技术的使用能够提升工作效率，降低生产成本。新技术与传统制造业的结合，发挥了创新精神，提升了创新能力。把创新成就发展，为我国建设世界创新强国作贡献；在面对项目实施难题时，以坚持不懈、攻坚克难的毅力迎难而上，培养勤学好问、精益求精、越战越勇的工匠精神，在以后工作实践中勇做新时代科技创新的排头兵。

第4章

产教融合协同指导的毕业设计案例

4.1 面向工程师思维训练的毕业设计

制造业是国家国民经济的重要组成部分，它的发展对国家经济增长、解决就业问题、提高社会生产率有着重要的作用。本章内容主要节选自融合上海波客实业有限公司和上海振华重工(集团)股份有限公司两家企业需求案例的学生毕业设计论文，论文展现了校企合作、产教融合的效果：启发学生对提升产业基础能力、构建新型产业生态、完善基础设施体系和优化产业发展环境等重要问题的思考；引导学生在研究中对未知自然边界探索的兴趣及理解大国重器的意义。通过产教融合协同指导学生的毕业设计，解决目前国家工程教育理论与实践脱轨、学生工程实践能力弱等问题，为关键核心技术储备合格人才，更好地完成新时代所赋予的高质量工程人才教育和培养的使命。

4.2 《碳纤维复合材料汽车 B 柱加强板设计》毕业设计案例

《中国制造 2025》明确将“大力推动重点领域突破发展”作为战略任务，其中就包括了节能与新能源汽车和新材料领域，而碳纤维复合材料作为一种新材料，在汽车工业上的应用将助推节能与新能源汽车的发展，符合“绿色发展”的指导思想。以习近平新时代中国特色社会主义思想为指引，全面贯彻党的十九大和十九届二中、三中、四中、五中全会精神，坚持创新、协调、绿色、开放、共享的发展理念。

本节选取上海波客实业有限公司企业项目的毕业设计案例《碳纤维复合材料汽车 B 柱加强板设计》，使用碳纤维复合材料对 B 柱加强板的金属材料进行替换，并对其展开一系列优化设计，使得 B 柱加强板在力学性能不下降的前提下，重量得到大幅的减轻。相关研究对建立国产碳纤维复合材料汽车结构件设计及快速制造成型技术的体系提供了有力支撑。通过校企联合人才的培养模式，深入贯彻新能源汽车的国家战略，以融合创新为重点，推动国内新能源汽车产业高质量发展，加快汽车强国建设。

4.2.1 项目背景

随着社会的不断发展进步和人民群众生活水平的提高，越来越多的人愿意选择汽车作为日常出行的交通工具。据我国交通运输部统计，截至 2019 年 6 月，国内汽车保有量高达 2.5 亿辆，其中，私家车保有量高达 1.98 亿辆。同时机动车驾驶人数量高达 4.22 亿人，2019 年上半年新领驾驶证 1408 万人。汽车在给人们带来方便的同时，也不可避免地伴随着许多问题，如噪声、环境污染和安全问题等。在节能减排与环境保护逐渐提上日程的今天，汽车的轻量化不仅可以减少燃料的消耗量，同时也降低了尾气的排放，减少了空气污染，而碳纤维复合材料就是实现这一目标的理想材料，一直是各大高等院校和研究机构的重点研究课题。

A 柱、B 柱、C 柱是汽车上的三根竖梁，它们不仅仅是撑起驾驶舱车顶的金属柱子，而且对驾驶舱内的成员有重要的保护作用。如图 4－1 所示，A 柱在发动机舱和驾驶舱之间、左右后视镜的上方；B 柱在驾驶舱的前座和后座之间，从车顶延伸到车底部；C 柱在后座头枕的两侧。

毕业设计《碳纤维复合材料汽车 B 柱加强板设计》以汽车 B 柱加强板为切入点，利用等代设计法，将金属材料 B 柱加强板的三维数模的材料替换为碳纤维复合材料，并使用等刚度理论构建了碳纤维复合材料 B 柱加强板的方案模型，经过一系列的有限元分析和优化之后，最终的结果显示，替换材料后的 B 柱加强板在力学性能不下降的情况下，重量相比原有金属材料大幅减轻，达到了轻量化的目的，同时也对其他的车身结构件替换为碳纤维复合材料起到了一定的参考作用。使用碳纤维复合材料的汽车零件如图 4－2 所示。

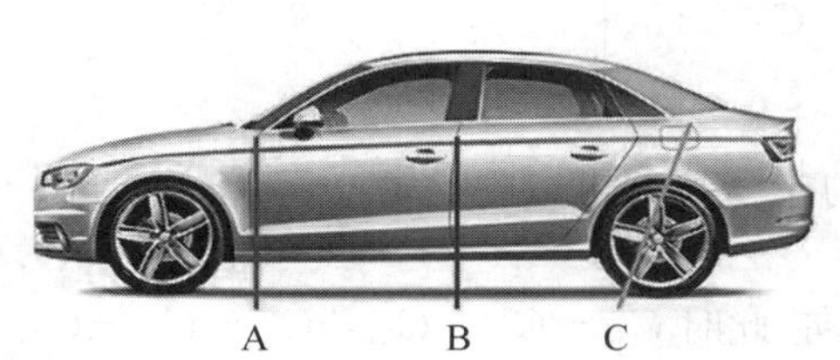

图 4－1　汽车上 A 柱、B 柱、C 柱位置示意图

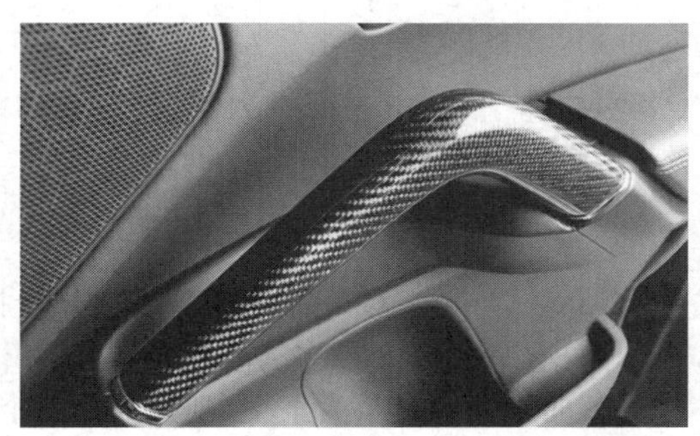

图 4－2　使用碳纤维复合材料的汽车零件

4.2.2　碳纤维复合材料设计基础

1）碳纤维复合材料的特性

各向异性是碳纤维复合材料与传统金属材料之间最为显著的区别之一。金属材料的力学性能参数一般为拉伸弹性模量、压缩弹性模量、抗拉/抗压/抗弯/抗扭强度和屈服强度等。碳纤维复合材料的力学性能参数包括：①六个强度参数：平行于纤维方向的拉伸强度、与纤维方向垂直的拉伸强度、平行于纤维方向的压缩强度、与纤维方向垂直的压缩强度、层间剪切强度和面内剪切强度。②四个刚度参数：平行于纤维方向的弹性模量、与纤维方向垂直的弹性模量、面内剪切模量和泊松比。因此，各向异性碳纤维复合材料的受力复杂程度要远远超过各向同性金属材料，铺层角度及铺层顺序的改变都会对其力学性能产生影响，这就给碳纤维复合材料的设计和分析造成了很大的难度，但与此同时也提供了更高的设计自由度。

2）复合材料力学基础

因为各向异性的存在，复合材料在空间直角坐标系中的每个方向的力学性能都各不相同，其应力-应变关系可以表示为

$$[\sigma]=\begin{bmatrix}\sigma_x & \tau_{xy} & \tau_{xz}\\ \tau_{yx} & \sigma_y & \tau_{yz}\\ \tau_{zx} & \tau_{zy} & \sigma_z\end{bmatrix},\ [\varepsilon]=\begin{bmatrix}\varepsilon_x & \varepsilon_{xy} & \varepsilon_{xz}\\ \varepsilon_{yx} & \varepsilon_y & \varepsilon_{yz}\\ \varepsilon_{zx} & \varepsilon_{zy} & \varepsilon_z\end{bmatrix} \tag{4-1}$$

式中，σ_x、σ_y、σ_z 为三个方向上的主应力；τ_{xy}、τ_{yz}、τ_{zx} 为三个方向上的剪切应力，且 $\tau_{yx}=\tau_{xy}$、$\tau_{zy}=\tau_{yz}$、$\tau_{xz}=\tau_{zx}$；ε_x、ε_y、ε_z 为三个方向上的线应变，ε_{xy}、ε_{zx}、ε_{zy} 为三个方向上的张量剪切应变，且有 $\varepsilon_{yx}=\varepsilon_{xy}=\gamma_{xy}/2$、$\varepsilon_{zy}=\varepsilon_{yz}=\gamma_{yz}/2$、$\varepsilon_{xz}=\varepsilon_{zx}=\gamma_{zx}/2$；$\gamma_{xy}$、$\gamma_{yz}$、$\gamma_{zx}$ 为工程剪切应变。

当各向异性的弹性体发生微小变形时，根据各向异性体弹性力学基本方程、几何方程和变形协调方程可以得出应力-应变关系为

$$\{\sigma\}=[C]\{\varepsilon\} \tag{4-2}$$

式中，$\{\sigma\}$为弹性材料各方向的应力；$\{\varepsilon\}$为弹性材料各方向的应变；$[C]$为刚度系数矩阵。

把各向异性弹性材料的应力-应变关系写成矩阵

$$\begin{Bmatrix}\sigma_1\\ \sigma_2\\ \sigma_3\\ \tau_{23}\\ \tau_{31}\\ \tau_{12}\end{Bmatrix}=\begin{bmatrix}C_{11} & C_{12} & C_{13} & C_{14} & C_{15} & C_{16}\\ C_{21} & C_{22} & C_{23} & C_{24} & C_{25} & C_{26}\\ C_{31} & C_{32} & C_{33} & C_{34} & C_{35} & C_{36}\\ C_{41} & C_{42} & C_{43} & C_{44} & C_{45} & C_{46}\\ C_{51} & C_{52} & C_{53} & C_{54} & C_{55} & C_{56}\\ C_{61} & C_{62} & C_{63} & C_{64} & C_{65} & C_{66}\end{bmatrix}\times\begin{Bmatrix}\varepsilon_1\\ \varepsilon_2\\ \varepsilon_3\\ \gamma_{23}\\ \gamma_{31}\\ \gamma_{12}\end{Bmatrix} \tag{4-3}$$

式中，C_{11}，C_{12}，…，C_{66} 为刚度系数。分析材料的应变势能可以得到 $C_{ij}=C_{ji}$，i，$j=1$，2，…，6；所以，矩阵中独立的刚度系数只有 21 个。

若各向异性的材料为正交，则只存在三个主方向，此时 $C_{14}=C_{24}=C_{34}=C_{15}=C_{25}=C_{35}=C_{45}=C_{16}=C_{26}=C_{36}=C_{46}=C_{56}=0$，矩阵中独立的刚度系数只剩下 9 个，应力-应变关系式可以写成

$$\begin{Bmatrix}\sigma_1\\ \sigma_2\\ \sigma_3\\ \tau_{23}\\ \tau_{31}\\ \tau_{12}\end{Bmatrix}=\begin{bmatrix}C_{11} & C_{12} & C_{13} & & & \\ C_{21} & C_{22} & C_{23} & & & \\ C_{31} & C_{32} & C_{33} & & & \\ & & & C_{44} & & \\ & & & & C_{55} & \\ & & & & & C_{66}\end{bmatrix}\times\begin{Bmatrix}\varepsilon_1\\ \varepsilon_2\\ \varepsilon_3\\ \gamma_{23}\\ \gamma_{31}\\ \gamma_{12}\end{Bmatrix} \tag{4-4}$$

柔度矩阵$[S]$为刚度的逆矩阵计算：

$$\begin{Bmatrix}\varepsilon_1\\ \varepsilon_2\\ \varepsilon_3\\ \gamma_{23}\\ \gamma_{31}\\ \gamma_{12}\end{Bmatrix}=\begin{bmatrix}S_{11} & S_{12} & S_{13} & & & \\ S_{21} & S_{22} & S_{23} & & & \\ S_{31} & S_{32} & S_{33} & & & \\ & & & S_{44} & & \\ & & & & S_{55} & \\ & & & & & S_{66}\end{bmatrix}\times\begin{Bmatrix}\sigma_1\\ \sigma_2\\ \sigma_3\\ \tau_{23}\\ \tau_{31}\\ \tau_{12}\end{Bmatrix} \tag{4-5}$$

综合以上可得出，在正交的各向异性材料中，正应力只会造成线应变，剪切应力只会造成剪切应变，即不会发生耦合效应。

3）复合材料设计方法及原则

一般情况下，汽车用复合材料设计流程如图 3－8 所示。在进行铺层设计时，应该遵循以下原则：

（1）铺层方向应该按照刚度和强度的要求确定，为满足复合材料层合板的力学性能要求，可以设计任意方向的铺层，但是为了简化设计、分析和制造工艺，一般采用 0°、90°、45°和－45°四个方向的铺层，其中 0°方向为主应力方向或载荷轴。

（2）一个零件中应同时设置 0°、90°、45°和－45°四个方向的铺层，且为了简化复合材料层合板的分析和设计，应该尽可能地采用成对的±45°铺层（为降低弯扭耦合效应，保证有效刚度和稳定性，±45°铺层应尽可能靠近，但±45°铺层分开则有利于减小铺层间剪切应力，两者为矛盾关系）。若有特殊需求或缠绕时，则不受上述条件限制。

（3）单一方向的铺层数占总铺层数的比例在 10％～60％之间为宜，具体如下：

① 对于单轴结构：0°铺层占 50％～60％、90°铺层占约 10％、±45°铺层占 30％～40％。

② 对于受剪切载荷的结构：0°铺层占 10％～30％、90°铺层占约 10％、±45°铺层占 60％～80％。

③ 对于受多向载荷的结构：0°铺层占约 25％、90°铺层占约 25％、±45°铺层占约 50％。

（4）受拉压为主的零件，应该以 0°铺层为主，0°铺层主要承受拉压载荷。

（5）受剪切为主的零件，应该以±45°铺层为主，±45°铺层主要承受剪切载荷。

（6）铺层角度相对于复合材料层合板的中面应尽量对称布置，以避免在固化的进程中因为扭转、弯曲等耦合效应引发翘曲变形和出现裂纹。平行于纤维方向的单向纤维层的热膨胀系数基本为零，垂直于纤维方向的热膨胀系数则与基体材料的热膨胀系数大致相等；对于正交铺层，当复合材料层合板在固化时，将产生一个复杂的热膨胀模型，使复合材料层合板在固化温度以外的温度下都会产生内应力，导致出现翘曲，若采用对称铺层，则可以减轻翘曲的现象。

（7）为了减小弯扭耦合效应，±45°的铺层应按照“＋/－/－/＋”或“－/＋/＋/－”的顺序进行铺设。

4）复合材料成型工艺

汽车用碳纤维复合材料的成型工艺主要分为热压成型（包括热压罐成型、真空袋成型、模压成型等）和液体成型（包括 RTM、RFI、SCRIMP 等）两大类，复合材料成型工艺类型如图 4－3 所示。

热压成型中较为常用的工艺为热压罐成型工艺。热压罐成型工艺的主要原理是通过在模具和增强纤维材料表面覆盖一层真空袋，抽出袋内空气，制造一个负压环境使树脂完全浸润增强纤维，同时放入热压罐内施加外部正压并加热，使材料固化成型。热压罐成型工艺的优点包括材料受压均匀、树脂含量可控且均匀、成品质量稳定；但是存在操作复杂、能源消耗量大和造价高昂等缺点。其工艺流程如图 4－4 所示。

液体成型中较为常用的成型工艺为树脂转移模塑成型（RTM）。RTM 工艺的主要原理为：将按照性能与结构要求设计的增强纤维材料放置于模具型腔中以形成一定的形状，然后再使用注射设备将混合好的树脂注射进入封闭的模具型腔中以浸渍纤维并固化的一种复合

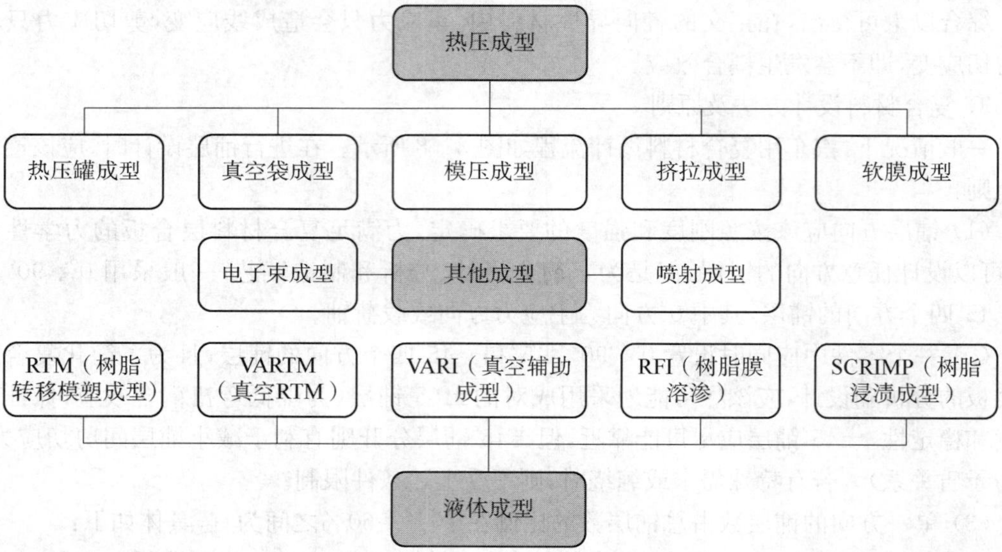

热压成型

热压罐成型　真空袋成型　模压成型　挤拉成型　软膜成型

电子束成型　其他成型　喷射成型

RTM（树脂转移模塑成型）　VARTM（真空RTM）　VARI（真空辅助成型）　RFI（树脂膜溶渗）　SCRIMP（树脂浸渍成型）

液体成型

图 4-3　复合材料成型工艺类型

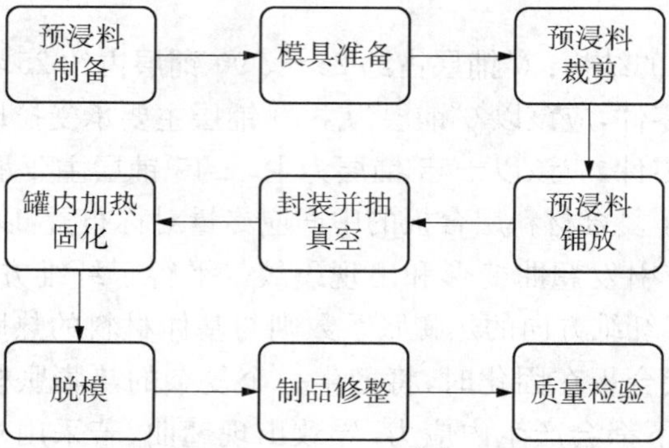

预浸料制备 → 模具准备 → 预浸料裁剪 → 预浸料铺放 → 封装并抽真空 → 罐内加热固化 → 脱模 → 制品修整 → 质量检验

图 4-4　热压罐成型工艺流程图

材料生产工艺。其模具设有密封紧固及排气系统，以确保树脂能够在内部顺畅地流动，排出模具型腔中所有的气体并完全渗透增强纤维；还可增设能够加热固化复合材料的加热系统。RTM 工艺的优点包括成型尺寸稳定、精度高、表面质量好、成型后修整加工量少、原材料利用率高、投资少、生产效率高；缺点为闭合模具密闭性要求高、预成型坯难以准确地放入模具并保持在适当的位置。其工艺流程如图 4-5 所示。

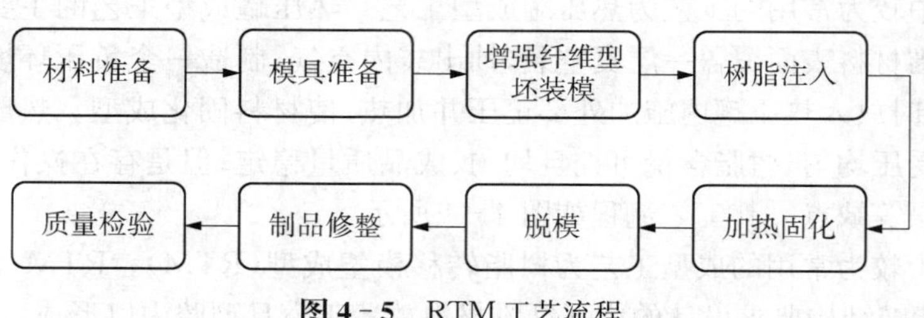

图 4-5　RTM工艺流程

5）等刚度换算

考虑将 B 柱加强板的金属材料替换为碳纤维复合材料后，刚度要求不能下降，基于等刚度近似理论，通过金属和复合材料的弹性模量、截面厚度和惯性矩等参数对比，计算确定碳纤维复合材料 B 柱加强板方案模型的厚度：

$$E_C I_C = E_M I_M \tag{4-6}$$

$$E_C \frac{b_C t_C^3}{12} = E_M \frac{b_M t_M^3}{12} \tag{4-7}$$

式中，E_M 为金属材料的弹性模量；I_M 为金属材料的惯性矩；E_C 为复合材料层合板的等效模量；I_C 为复合材料层合板的截面惯性矩；b_M 为金属材料工件横截面宽度；t_M 为金属材料工件厚度；b_C 为复合材料工件横截面宽度；t_C 为复合材料工件厚度。

由于使用等代设计法，所以替换材料后 B 柱加强板的宽度不变，即 $b_C = b_M$，所以式(4－7)可以转化为

$$\frac{t_C}{t_M} = \left(\frac{E_M}{E_C}\right)^{\frac{1}{\lambda}} \tag{4-8}$$

对于车身的结构件，λ 的取值范围一般为 1～3。

4.2.3　汽车整车和 B 柱的受力分析

1）汽车整车受力分析

按照汽车车身的结构和运动特点，将车身受到的力分为竖直方向、行进方向和侧向。

(1) 竖直方向。汽车在静止或匀速行驶的时候，竖直方向受到的力主要为汽车自身的重力和地面通过轮胎对其提供的支持力，竖直方向整车受力情况如图 4－6 所示。

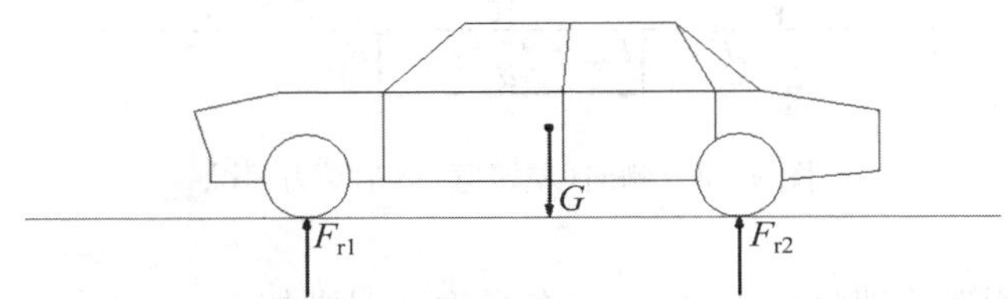

图 4－6　竖直方向整车受力情况

竖直方向整车受力情况如下：

$$F_{r1} + F_{r2} = G \tag{4-9}$$

式中，G 为汽车的重力；F_{r1} 和 F_{r2} 分别为地面给前轮和后轮提供的支持力。

(2) 行进方向。汽车在行进方向受到的力主要为加速前进和刹车减速时，汽车克服自身惯性和轮胎与地面之间发生摩擦所造成的力，图 4－7 为汽车紧急制动时的受力情况。

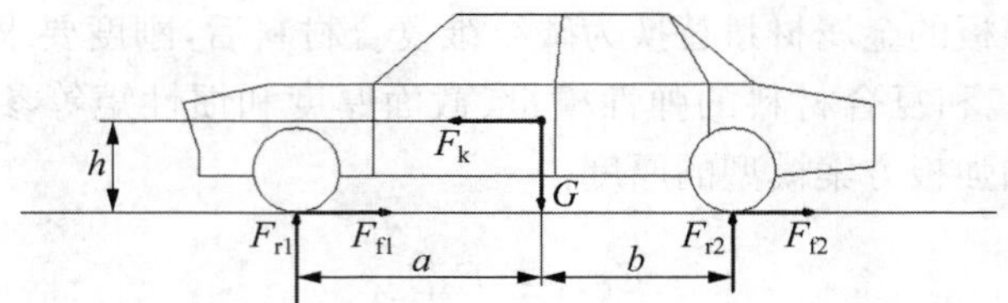

图 4-7 行进方向(紧急制动工况)整车受力情况

假设此时汽车制动成功停止前进,整车受力情况则如下:

$$\left.\begin{aligned}&F_{r1}+F_{r2}=G\\&F_{f1}+F_{f2}=F_k\\&F_{r1}a=F_{r2}b+F_kh\\&F_{f1}=\mu F_{r1}\\&F_{f2}=\mu F_{r2}\\&F_k=nG\end{aligned}\right\}\tag{4-10}$$

式中,F_k 为紧急制动时的惯性力;F_{f1} 和 F_{f2} 分别为前轮和后轮与地面之间的摩擦力;a 和 b 分别为前轮和后轮到质心的距离;h 为地面到质心的高度。

(3) 侧向。汽车在侧向受到的力主要为转弯时由于车身惯性带来的离心力和地面通过轮胎提供的摩擦力,图 4-8 为汽车在左转弯时的受力情况。

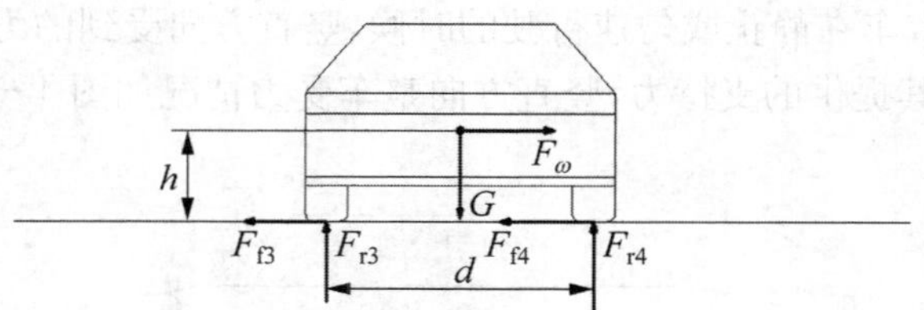

图 4-8 侧向(左转弯)整车受力情况

若转弯未发生侧滑或即将发生侧滑,整车受力情况则如下:

$$\left.\begin{aligned}&F_\omega=F_{f3}+F_{f4}\\&F_{r3}+F_{r4}=G\\&F_{r3}\cdot\frac{d}{2}+F_\omega\cdot h=F_{r4}\cdot\frac{d}{2}\\&F_\omega=\lambda G\end{aligned}\right\}\tag{4-11}$$

式中,F_ω 为转弯时的惯性力;F_{r3} 和 F_{r4} 分别为地面对左侧车轮和右侧车轮提供的支持力;F_{f3} 和 F_{f4} 分别为左侧车轮和右侧车轮与地面之间的摩擦力;d 为汽车的轮距。

当转弯过急时,车轮所提供的侧向摩擦力不足以维持转弯所需的向心力,汽车就会发生侧翻,在侧翻的临界状态时内侧车轮传递的支持力和摩擦力均为零,则有

$$\left.\begin{aligned} F_{r4} &= G \\ F_{\omega} \cdot h &= F_{r4} \cdot \frac{d}{2} \end{aligned}\right\} \tag{4-12}$$

2) B 柱受力分析

由于 B 柱是车身结构件，所以车身受到的力中的一部分将由 B 柱来承担。根据对整车受力情况的分析，传递到 B 柱上的力同样可以分为竖直方向、行进方向和侧向。

在竖直方向上，静止或正常行驶时，B 柱的受力主要是来自顶盖的压力和车门的重力，如图 4－9 所示。

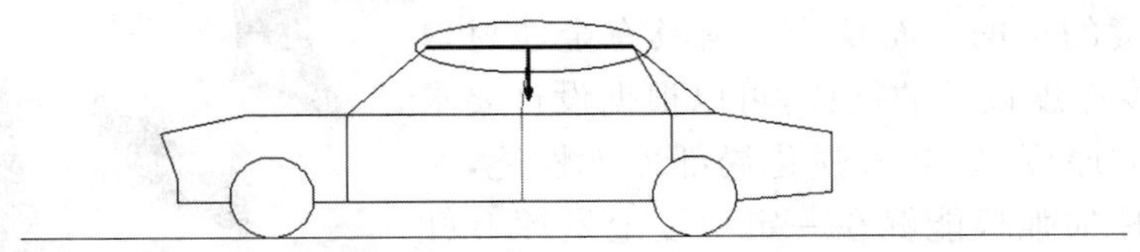

图 4－9　竖直方向 B 柱受力情况

在行进方向上，B 柱的受力主要是加速行驶和紧急制动时，顶盖和车门传递的纵向惯性力，图 4－10 为汽车紧急制动时 B 柱受力情况。

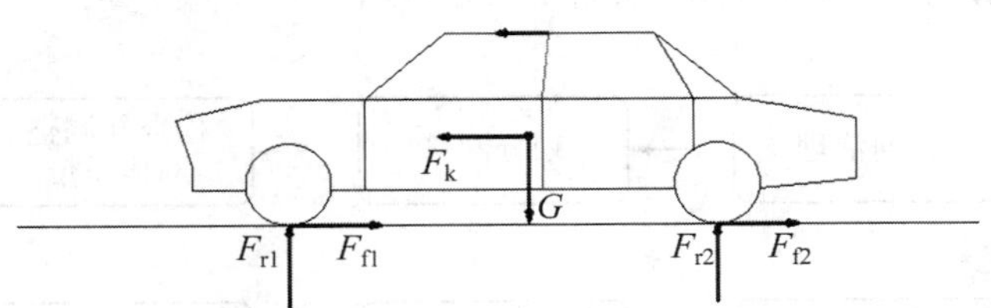

图 4－10　行进方向(紧急制动工况)B 柱受力情况

在侧向上，B 柱的受力主要是急转弯时顶盖和车门传递的横向惯性力，图 4－11 为汽车在左转弯时 B 柱受力情况。

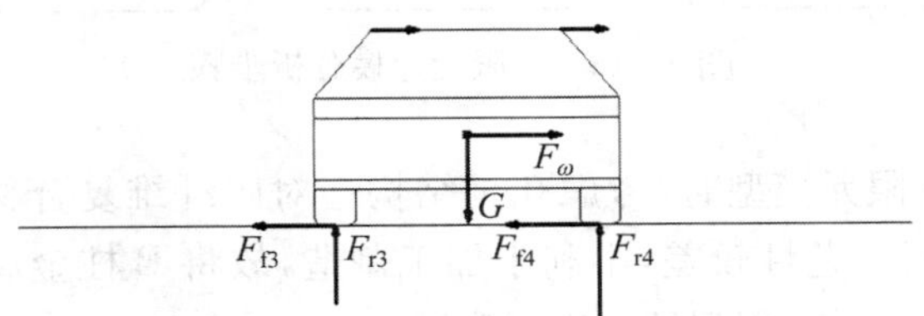

图 4－11　侧向(左转弯)B 柱受力情况

综上所述，三个方向的力均为汽车在正常行驶时的受力情况，其中，很大一部分由 A 柱和 C 柱共同承担，所以真正施加在 B 柱上的力相对而言并不大。而当汽车发生侧面碰撞时，因其位于汽车中部框架上，是此处最主要的承载结构件，所以 B 柱将承受巨大的冲击载荷。作为车内乘员生命安全的重要保障，B 柱的耐撞击性能就成为主要的考核指标。

4.2.4 碳纤维复合材料B柱加强板设计与优化

4.2.4.1 碳纤维复合材料B柱加强板设计

汽车B柱的组成部分包括外板、加强板、加强件和内板，由于汽车在发生侧面碰撞时，B柱将成为最主要的承载结构件，所以为了B柱能够有效地起到保护车内人员生命安全的作用，B柱加强板的抗撞击性能就显得尤为重要。金属材料的B柱加强板一般为冲压件，整个工件各处的厚度均为相等，容易产生局部力学性能不足的情况，因此，需要放置加强件以达到增加局部刚度强度的目的。而复合材料具有金属材料所不具备的可变厚度设计的优势，可以根据设计要求增加薄弱环节的厚度，以此来强化局部力学性能，所以复合材料B柱加强板能够在一定程度上发挥B柱加强件的作用。本节将利用等代设计法，提取金属材料B柱加强板的外形界面，进行复合材料B柱加强板的设计。

图4-12 汽车B柱组成部分

本节所用的碳纤维复合材料B柱加强板有限元建模及分析的过程大致分为14个步骤，如图4-13所示。

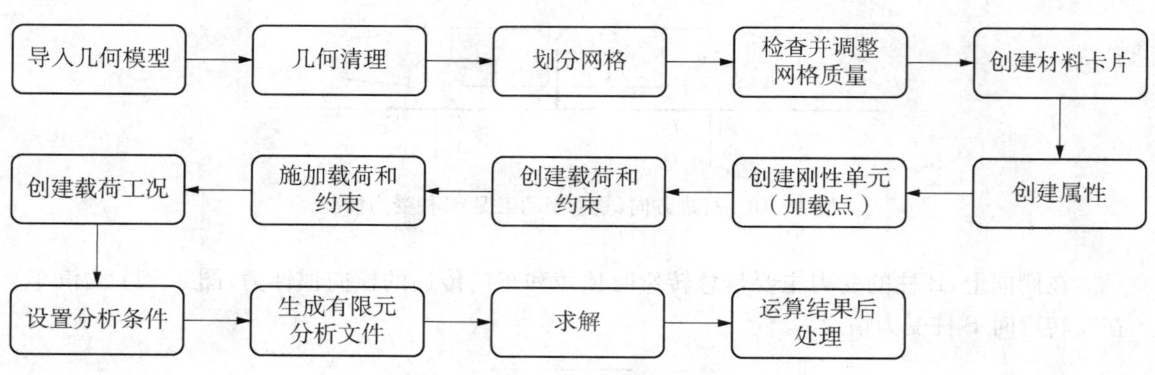

图4-13 有限元建模分析步骤

创建B柱加强板有限元模型时，考虑孔洞结构会对碳纤维复合材料的结构强度和耐久程度造成较大的影响，且工艺性较差，不利于加工制造，故将B柱金属模型的外形界面进行简化，去掉不必要的孔洞结构，仅保留必需的安装孔。

1）几何清理

将简化好外形界面的B柱加强板模型导入Hypermesh软件中进行几何清理。不恰当的几何元素如重复或缺失的面、本应相连却断开的面和多余的边线等，会造成几何体不能在有限元分析软件中准确地表达，影响网格划分的质量，导致分析结果出现错误。所以在进行有限元网格划分之前，需要对模型进行几何清理，如图4-14所示。

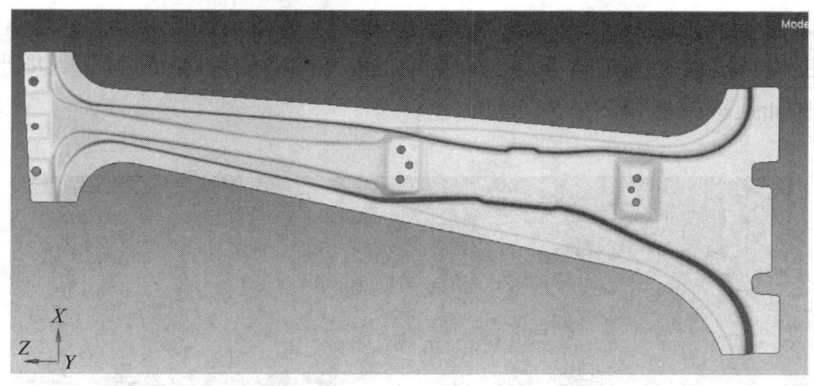

图 4 - 14　几何清理后的 B 柱加强板模型

2）划分网格

网格的划分是有限元分析前处理中工作量比较大的一个环节，因为网格划分的质量将直接影响分析结果的准确性，所以对质量不达标的网格往往需要多次对其进行手动调整。在进行网格划分时需要注意以下几点：

（1）网格的疏密。网格疏密的程度关系着模型数据表达的精准程度。越密集的网格越能够准确地表达复杂结构的力学特性，因此，在模型受力变化较为平缓的地方只须采用较为稀疏的网格，在受力变化复杂的地方一般采用较为密集的网格。

（2）网格的数量。网格数量的多少关系着模型分析结果的精确程度。一般来说，网格数量越多，相应的分析结果精确度越高，在网格数量还比较少的时候，增加网格数量可以大幅度提高计算精度，但是当网格数量增加到一定的程度以后，分析结果的精确度也会达到一个瓶颈，并且数量庞大的网格也需要耗费相应巨大的运算量。所以只需要根据想要达到的结果精度进行划分即可。

（3）网格的形状。2D 网格的形状一般有三角形和四边形，相对于四边形网格，三角形网格更不容易变形，将导致结构刚度加大。所以为了保证分析结果的准确度，应该尽量采用四边形网格进行划分，只有在结构极为复杂的地方才会少量采用三角形网格进行划分。

（4）网格的质量。网格的质量指网格是否拥有合理的几何形状，这个指标关系着模型分析的计算精度，质量过低的网格甚至会在运算过程中报错，造成运算停止。衡量网格质量的指标包括雅各比——几何图形偏离其完美形状的程度（如任意一个四边形偏离正四边形的程度）、最小长度、最小角度和最大角度等。

经过对模型中较小的几何结构进行测量，选择网格尺寸为 4 mm，网格形状选择“mixed”即四边形网格为主，三角形网格为辅。网格尺寸及类型如图 4 - 15 所示。

图 4 - 15　网格尺寸及类型

生成网格后对网格质量进行检查和调整，检查参数设置为雅各比 0.7，最小角度 45°，最大角度 135°。经过多次调整，仅有大约 0.1%的网格不满足所设置的检查参数，并且最差的网格其质量也相当接近上述检查参数，所以可以认为模型的总体网格质量达到要求。网格划分后的 B 柱加强板模型如图 4-16 所示。

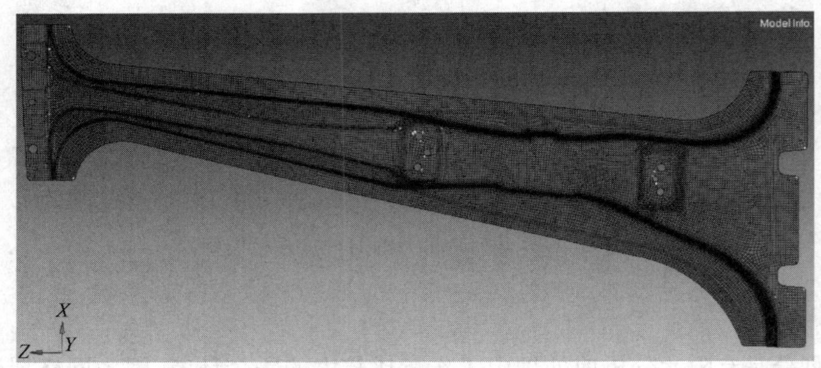

图 4-16 网格划分后的 B 柱加强板模型

同样地，按照上述方法也对 B 柱加强板的金属模型进行几何清理和网格划分，便于后续进行对比分析工作。

3) 金属模型分析

对碳纤维复合材料 B 柱加强板进行优化分析之前，首先对金属材料的 B 柱加强板做四个工况下的受力分析，分析的结果将作为复合材料 B 柱加强板优化的边界条件。金属材料 B 柱采用高强钢，厚度为 2.4 mm，其材料性能见表 4-1。

表 4-1 金属材料参数

弹性模量/GPa	泊松比	屈服强度/MPa	密度/(g/cm³)
210	0.3	950	7.85

按照对汽车 B 柱受力情况的分析，将 B 柱的载荷分为五个工况，包括模态(Mode)工况、竖直方向拉伸(Pull)工况、竖直方向压缩(Push)工况、行进方向弯曲(Side)工况和侧向弯曲(Bend)工况。

(1) Mode 工况。模态是结构自身固有的一种振动特性，在进行等代设计的过程中，需要对设计前后的两种模型进行模态的对比分析，避免工件与整车发生共振，导致产生噪声甚至结构破坏。在对金属 B 柱加强板模型的模态工况分析中，参考 B 柱的实际工作环境，分别对其上下两端施加 6 个自由度的约束，图 4-17、图 4-18 分别为金属材料 B 柱加强板扭转和弯曲模态的分析结果。由图中可以看出，金属材料 B 柱加强板的扭转模态振动频率为 155.51 Hz，弯曲模态振动频率为 161.21 Hz。

图 4-17　金属材料 B 柱加强板扭转模态

图 4-18　金属材料 B 柱加强板弯曲模态

(2) Pull 工况。约束 B 柱加强板下端 6 个自由度，在 B 柱加强板上端中心处建立 RBE2 刚性单元并施加 Z 轴正方向 10 000 N 的载荷，同时在加载点处约束 2、4、5、6 自由度，即 Y 方向的平动和 X、Y、Z 方向的转动，如图 4-19、图 4-20 所示。分析得出加载点位移为 3.028 mm。

(3) Push 工况。约束 B 柱加强板下端 6 个自由度，在 B 柱加强板上端中心处建立 RBE2 刚性单元并施加 Z 轴负方向 10 000 N 的载荷，同时在加载点处约束 2、4、5、6 自由度，即 Y 方向的平动和 X、Y、Z 方向的转动，如图 4-21、图 4-22 所示。分析得出加载点位移为 −3.028 mm。

(4) Side 工况。约束 B 柱加强板下端 6 个自由度，在 B 柱加强板上端中心处建立 RBE2 刚性单元并施加 X 轴负方向 500 N 的载荷，同时在加载点处约束 2、4、6 自由度，即 Y 方向的

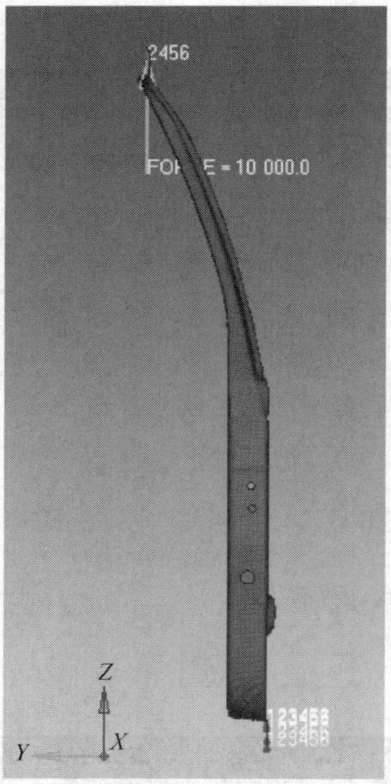

图 4 - 19　Pull 工况约束及载荷

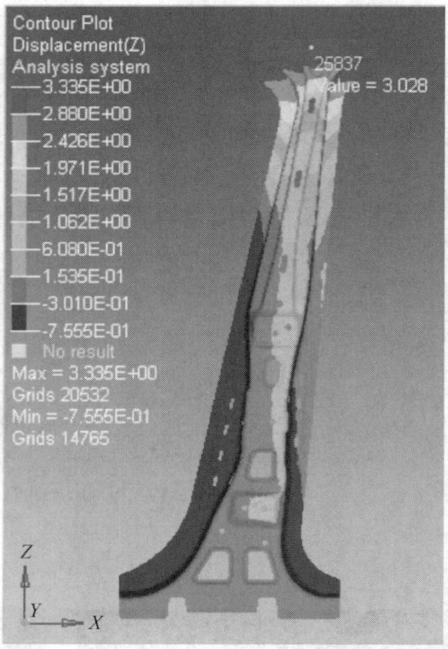

图 4 - 20　Pull 工况金属材料分析结果

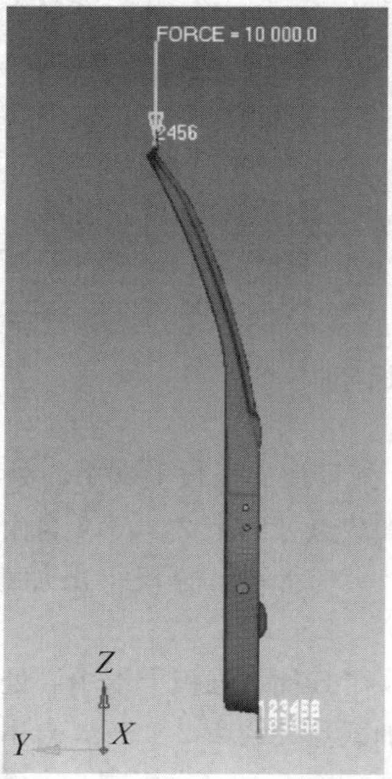

图 4 - 21　Push 工况约束及载荷

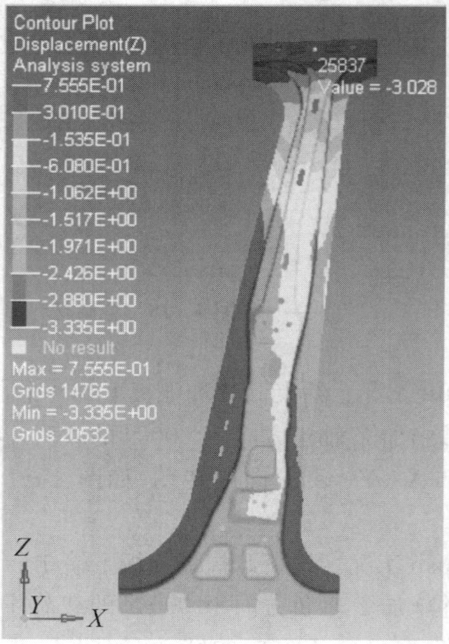

图 4 - 22　Push 工况金属材料分析结果

平动和 X、Z 方向的转动，如图 4 - 23、图 4 - 24 所示。分析得出加载点位移为 −7.029 mm。

(5) Bend 工况。约束 B 柱加强板下端 6 个自由度，在 B 柱加强板上端中心处建立 RBE2 刚性单元并施加 Y 轴负方向 500 N 的载荷，同时在加载点处约束 1、5、6 自由度，即 X 方向

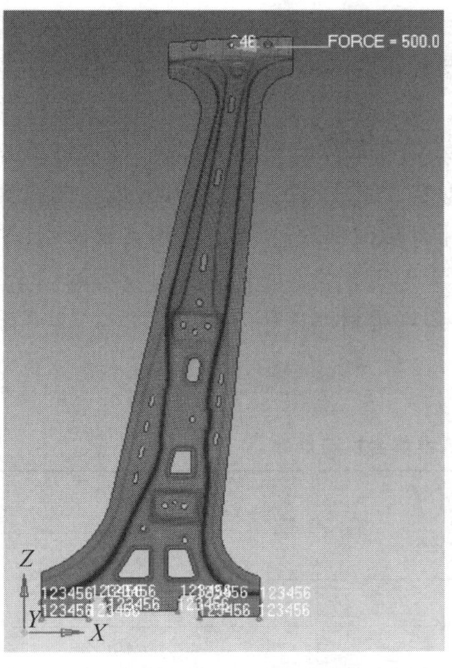

图 4－23　Side 工况约束及载荷

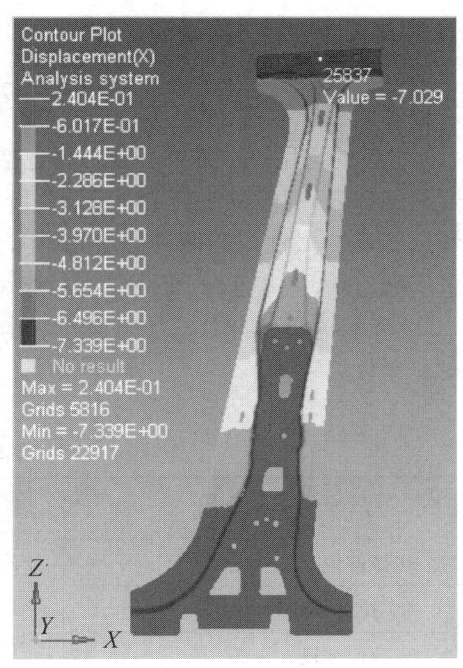

图 4－24　Side 工况金属材料分析结果

的平动和 Y、Z 方向的转动，如图 4－25、图 4－26 所示。分析得出加载点位移为 －251.271 mm。

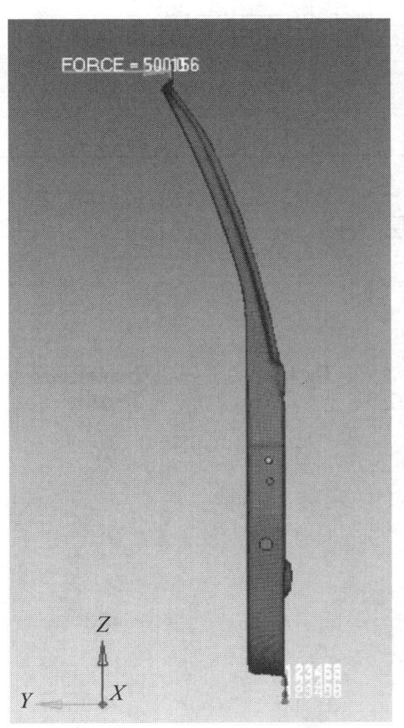

图 4－25　Bend 工况约束及载荷

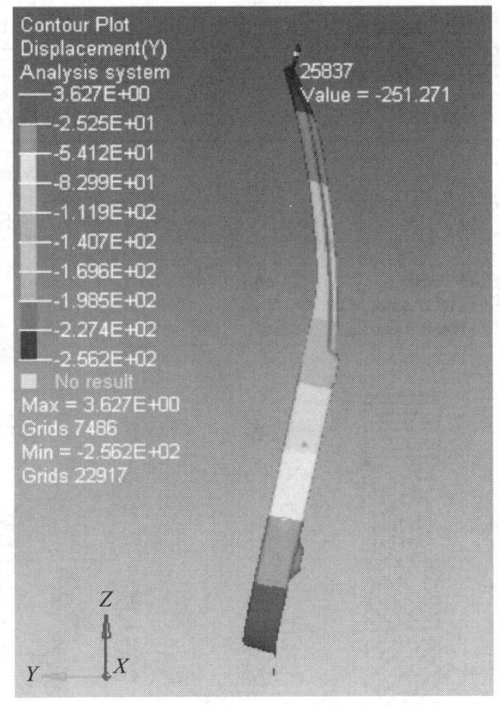

图 4－26　Bend 工况金属材料分析结果

4）构建复合材料方案模型

完成有限元网格划分之后，得到的仅是一个没有厚度的 B 柱加强板外形界面，本节将为这个外形界面赋予材料、厚度等各项属性。

(1) 材料的选用。碳纤维复合材料包括增强纤维和基体材料两个部分，增强纤维是材料的主要承载部分；基体材料起到固定增强纤维及形状塑造的作用，一般为树脂。树脂又分为热固性树脂和热塑性树脂两种类型，其中，热固性树脂包括聚酯、酚醛、环氧等树脂；热塑性树脂包括聚乙烯、聚苯乙烯、聚丙烯等树脂。综合考虑工艺性、力学性能和成本等因素，本节选用 5208 环氧树脂作为 B 柱加强板的基体材料，碳纤维材料选用 T300。T300/5208 碳纤维复合材料参数见表 4-2。

表 4-2　T300/5208 碳纤维复合材料参数

参数	符号/单位	数值
0°拉伸模量	E_1/GPa	158
90°拉伸模量	E_2/GPa	10.3
0°拉伸强度	X_t/MPa	1496
90°拉伸强度	Y_t/MPa	40.1
0°压缩强度	X_c/MPa	1496
90°压缩强度	Y_c/MPa	249
剪切强度	S/MPa	67.2
剪切模量	G_{12}/GPa	7.2
泊松比	NU_{12}	0.285
密度	RHO/(g/cm^3)	1.76

(2) 构建等厚平板模型。首先设置四个初始铺层(图 4-27)，分别对应 0°、90°、45°和

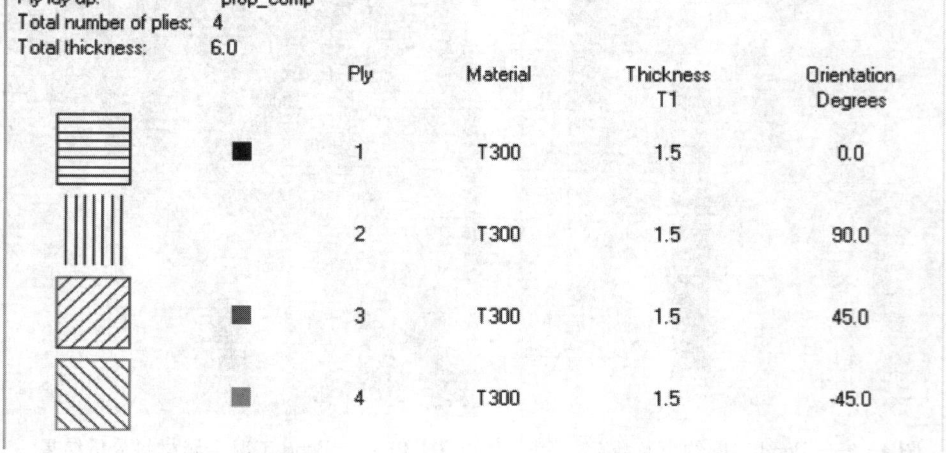

Ply lay-up: prop_comp
Total number of plies: 4
Total thickness: 6.0

Ply	Material	Thickness T1	Orientation Degrees
1	T300	1.5	0.0
2	T300	1.5	90.0
3	T300	1.5	45.0
4	T300	1.5	-45.0

图 4-27　初始铺层设置

−45°四个方向，软件根据输入的材料参数计算出层合板的等效弹性模量为 62 024 MPa。通过等刚度换算的方式，利用金属 B 柱加强板的厚度、弹性模量及碳纤维复合材料层合板等效弹性模量进行计算，得到复合材料的厚度范围为 3.604～8.126 mm；这里取厚度为 6 mm，平均分配到四个角度的铺层中即为每层厚度 1.5 mm。

在进行优化之前，首先按照同样的载荷工况对碳纤维复合材料 B 柱加强板的等厚平板模型进行分析，此处省略约束及载荷的施加过程，分析得出 Pull 工况位移为 2.678 mm，Push 工况位移为−2.678 mm，Side 工况位移为−5.309 mm，Bend 工况位移为−97.118 mm，分析结果如图 4－28～图 4－31 所示。

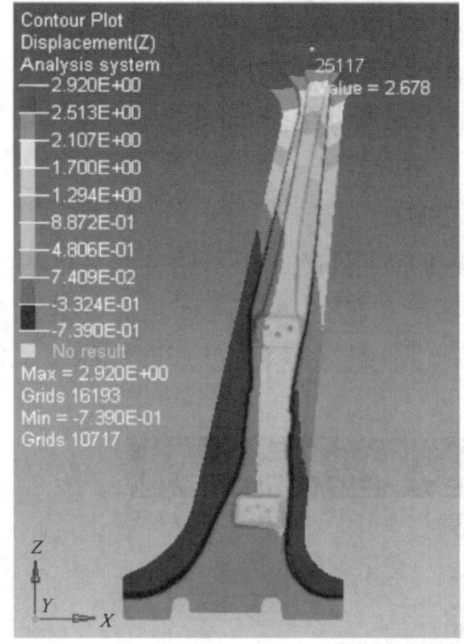

图 4－28　等厚平板模型 Pull 工况位移

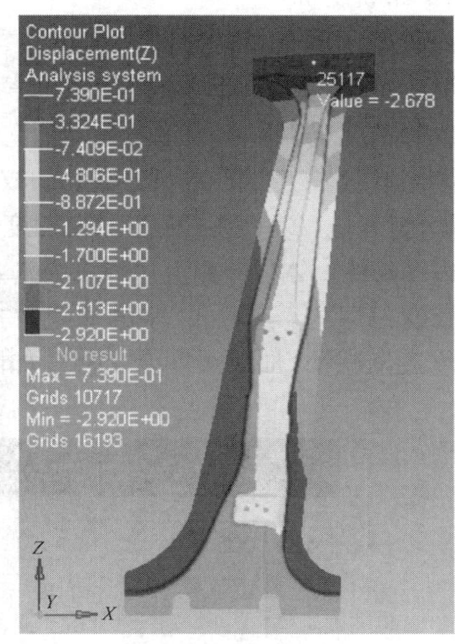

图 4－29　等厚平板模型 Push 工况位移

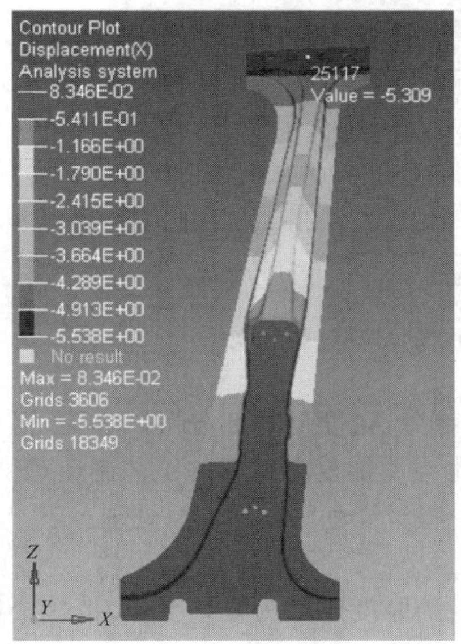

图 4－30　等厚平板模型 Side 工况位移

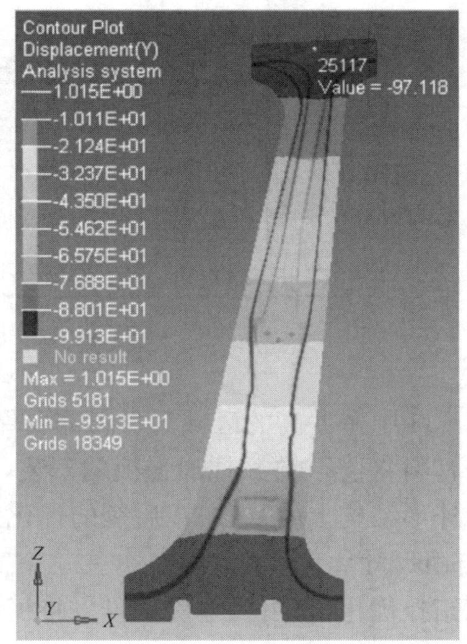

图 4－31　等厚平板模型 Bend 工况位移

4.2.4.2 碳纤维复合材料B柱加强板优化

1) 拓扑优化

所谓拓扑优化，就是工件在一定的受力情况下，通过有限元分析软件根据力在构成工件材料中的传递路径，判断哪些部位需要加强、哪些部位可以削弱，进而计算出最合理的材料分布，实现用尽可能少的材料，达到特定工况下最优的效果，从而实现节省用料、减轻重量的目的。

在有限元分析软件中进行拓扑优化，首先，需要定义一个设计区域。其次，设置载荷工况、优化响应、优化目标和边界条件。最后，经过软件的计算，将得出在不超过边界条件的前提下，材料的最优分布。

本节所设置的B柱加强板拓扑优化参数如下：

(1) 设计变量。B柱加强板模型中每一个网格的密度。

(2) 载荷工况。以整车为参考系，竖直方向拉压、行驶方向弯曲和侧向弯曲。

(3) 优化响应。工件的体积分数和加权柔度。

(4) 优化目标。B柱加强板的加权柔度最小，即刚度最大。

(5) 边界条件。体积分数上边界设为0.8，即优化后工件的体积不超过原来体积的80%。

拓扑优化结果为：经过10步的迭代，得到拓扑优化的结果。通过目标函数曲线可以看出加权柔度逐渐减小，加权柔度变化曲线如图4-32所示。材料密度云图如图4-33所示。

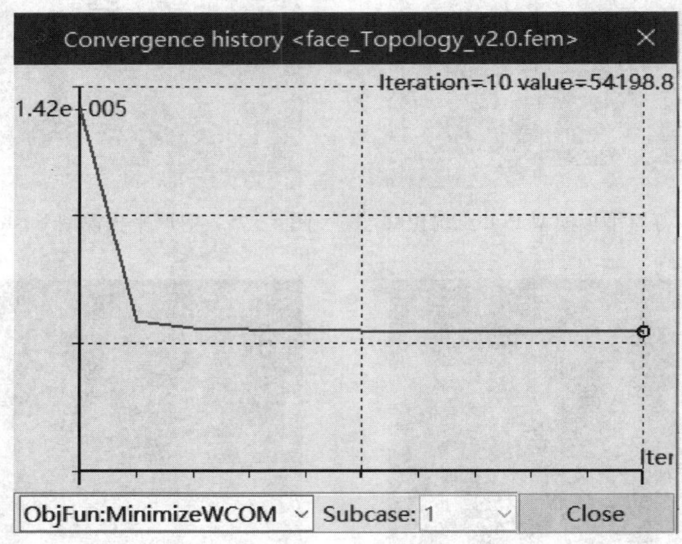

图4-32 加权柔度变化曲线

图4-33中密度高的区域为材料需要保留的部分，密度低的部分可以去除，但是考虑去除此部分材料将会影响B柱加强板的安装，同时也会增加复合材料的工艺制造难度，所以决定不进行外形结构上的修改，在后续的优化工作中将对红色区域做加厚处理。

2) 自由尺寸优化

相比拓扑优化，自由尺寸优化可以将每个网格的厚度定义为设计变量，把这个概念引入复合材料设计中，意味着设计变量为每个角度的铺层中，每个网格在层方向的总厚度。由于

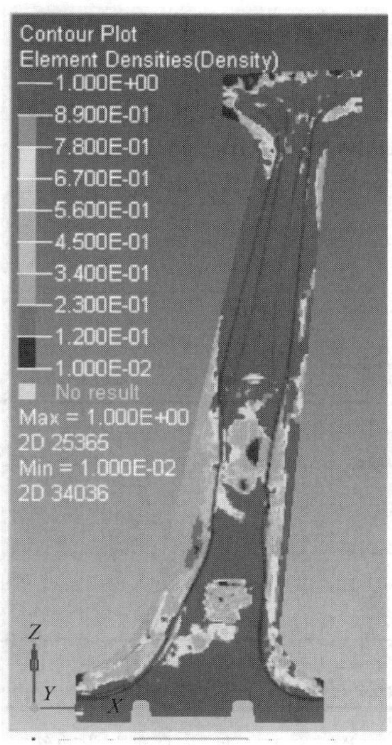

图 4-33　材料密度云图

可连续变化的厚度提供了更大的设计自由度，所以自由尺寸优化在刚度优化方面要优于拓扑优化。为了减少扭转应力的产生，45°和－45°两个角度的铺层应设计为对称的铺层方式。自由尺寸优化的分析参数定义过程与拓扑优化类似：

（1）设计变量。B 柱加强板复合材料层合板模型的每一个层中，每个网格在层方向的厚度。

（2）载荷工况。以整车为参考系，竖直方向拉压、行驶方向弯曲和侧向弯曲。

（3）优化响应。B 柱加强板的体积分数和加权柔度，四个工况的加载点位移量。

（4）优化目标。B 柱加强板的加权柔度最小，即刚度最大。

（5）优化约束。层合板厚度不小于 0.3 mm、不大于 1.5 mm，每个角度铺层占比不低于 15%，不高于 80%；45°和－45°的铺层采用对称方式铺层。

（6）边界条件。体积分数上边界设为 0.8，即优化后工件体积不超过原来体积的 80%，加载点位移不超过金属材料 B 柱加强板的位移量，此处设置为 Pull 工况下位移上限 3.0 mm，Push 工况下位移下限－3.0 mm，Side 工况下位移下限－7.0 mm，Bend 工况下位移下限－120.0 mm。

自由尺寸优化结果如下：经过 20 步迭代，得出自由尺寸优化的结果。通过图 4-34、图 4-35 目标函数变化曲线可以看出，加权柔度下降，也就是碳纤维 B 柱加强板的刚度得到提高。

图 4-36～图 4-39 为自由尺寸优化后四个工况下加载点的变形情况，Pull 工况下加载点位移量为 2.762 mm，Push 工况下位移为－2.762 mm，Side 工况下位移为－6.578 mm，Bend 工况下位移为－100.280 mm，四个工况下加载点的位移量均满足所设置的边界条件。

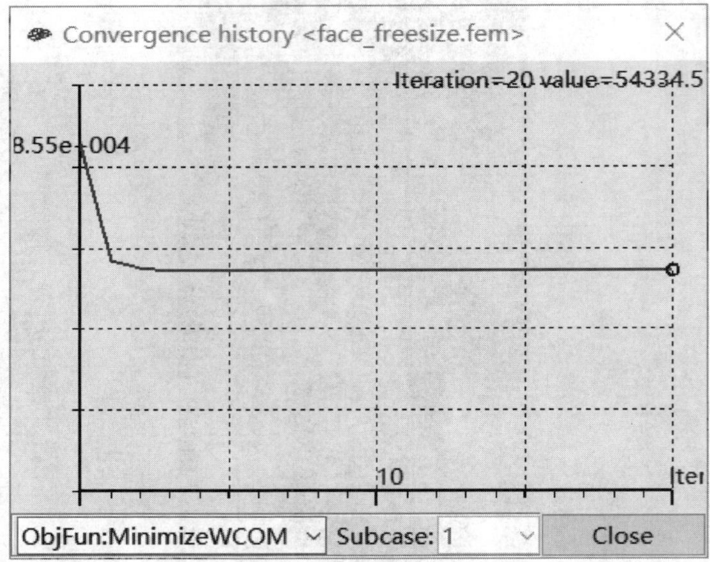

图 4-34　加权柔度变化曲线

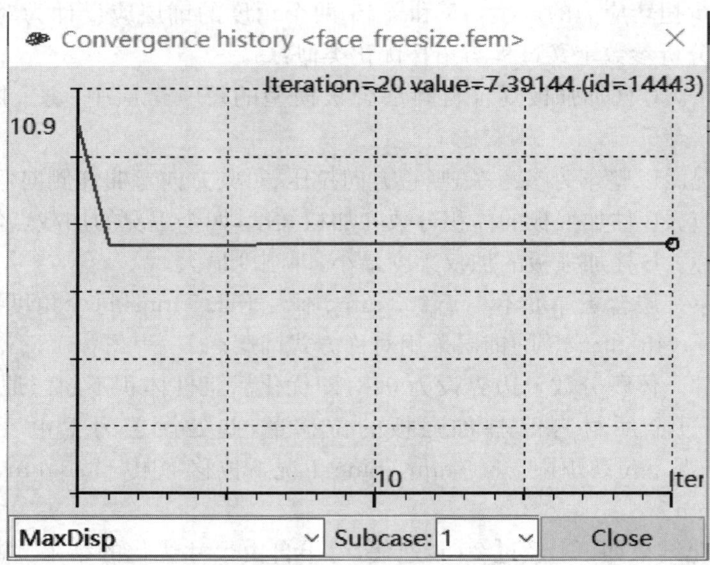

图 4-35　加载点位移变化曲线

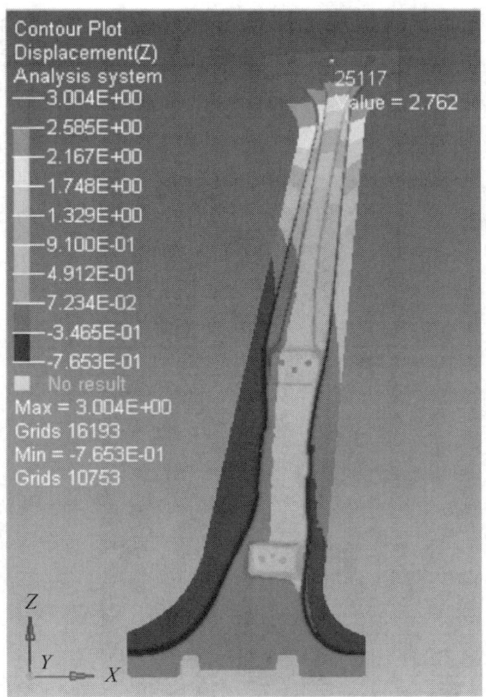

图 4-36　自由尺寸优化后 Pull 工况位移

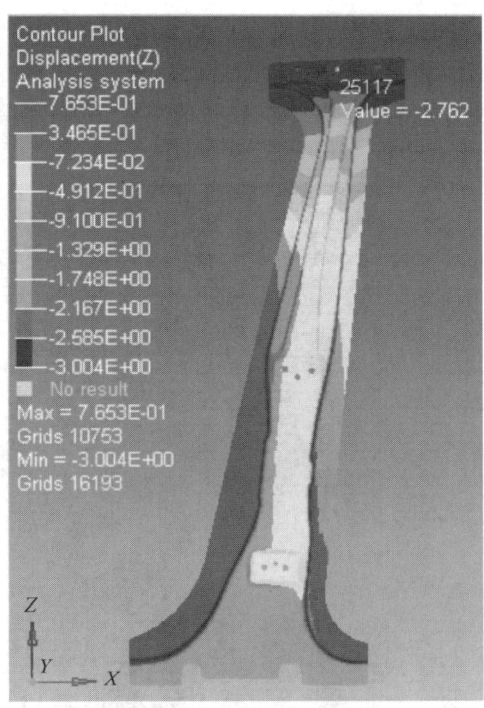

图 4-37　自由尺寸优化后 Push 工况位移

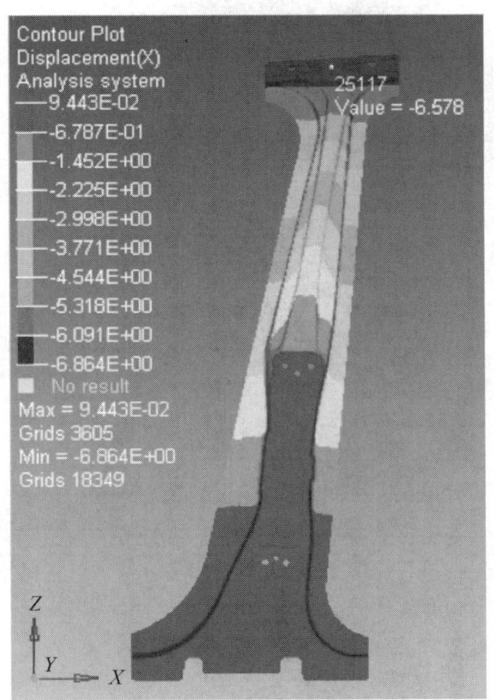

图 4-38　自由尺寸优化后 Side 工况位移

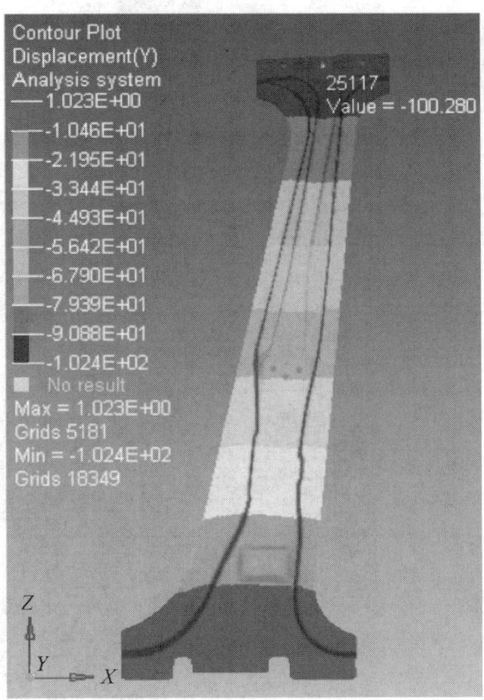

图 4-39　自由尺寸优化后 Bend 工况位移

图 4－40～图 4－44 所示为自由尺寸优化后四个方向铺层的厚度分布情况，以及复合材料层合板的总厚度分布情况。由于 45°和－45°两个方向的铺层采用了对称铺层的设计，所以 Ply 3 和 Ply 4 的厚度分布情况完全相同。

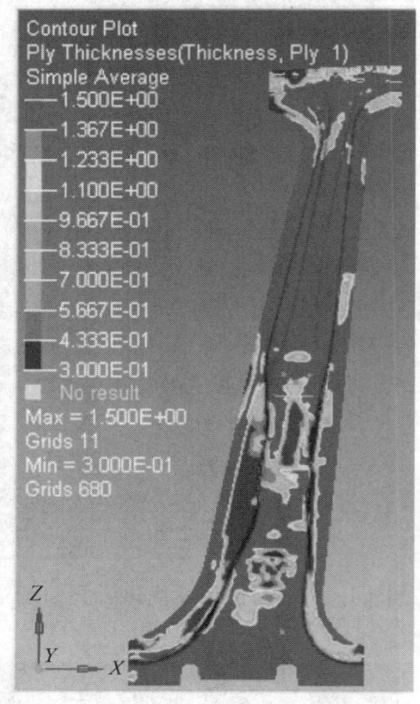

图 4－40 0°铺层厚度分布云图

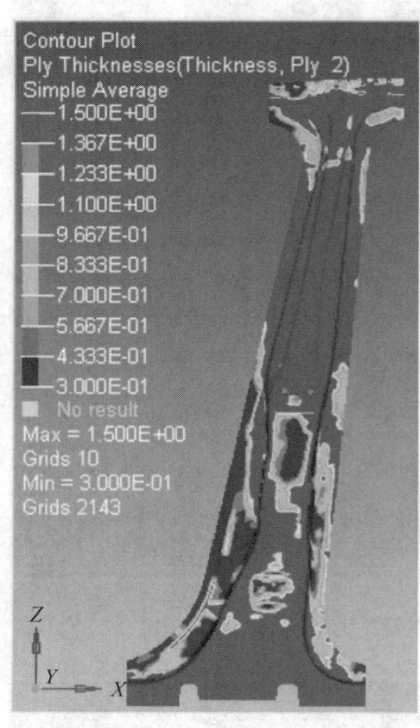

图 4－41 90°铺层厚度分布云图

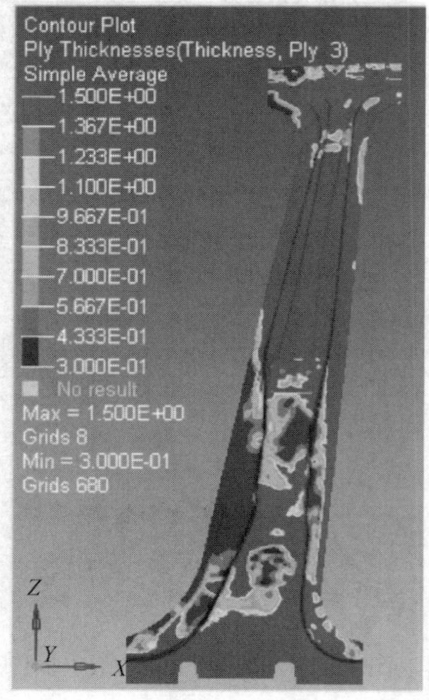

图 4－42 45°铺层厚度分布云图

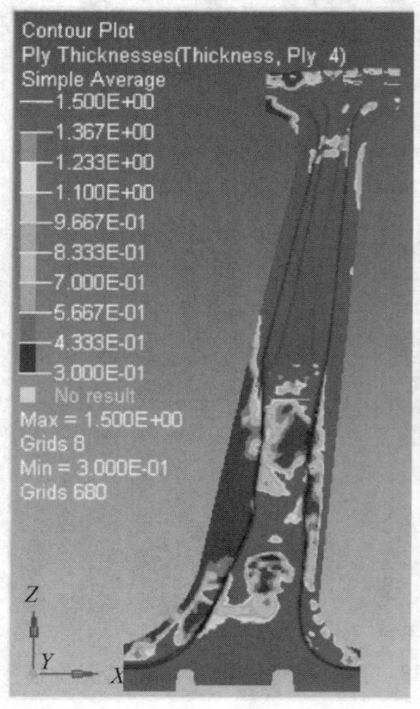

图 4－43 －45°铺层厚度分布云图

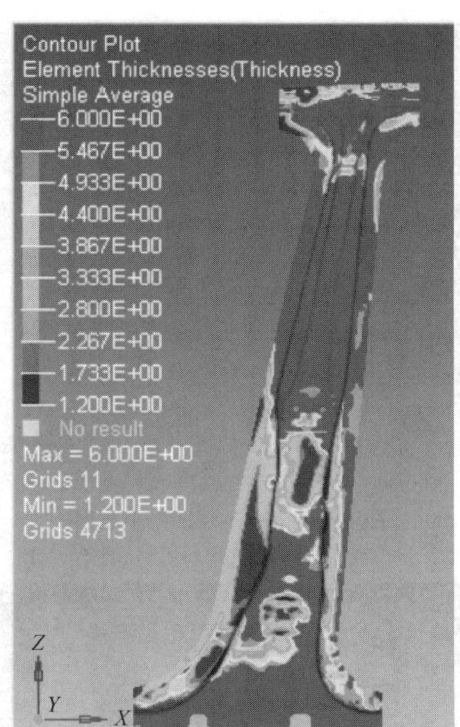

图 4－44　自由尺寸优化后层合板厚度分布云图

3）尺寸优化

完成自由尺寸优化之后，得到了复合材料层合板中 4 个角度铺层的层束，每个角度作为一个大的层束，而其中的层束又进一步分为 4 个小层表示，一共得到 16 个小的铺层，如图 4－45～图 4－47 所示。

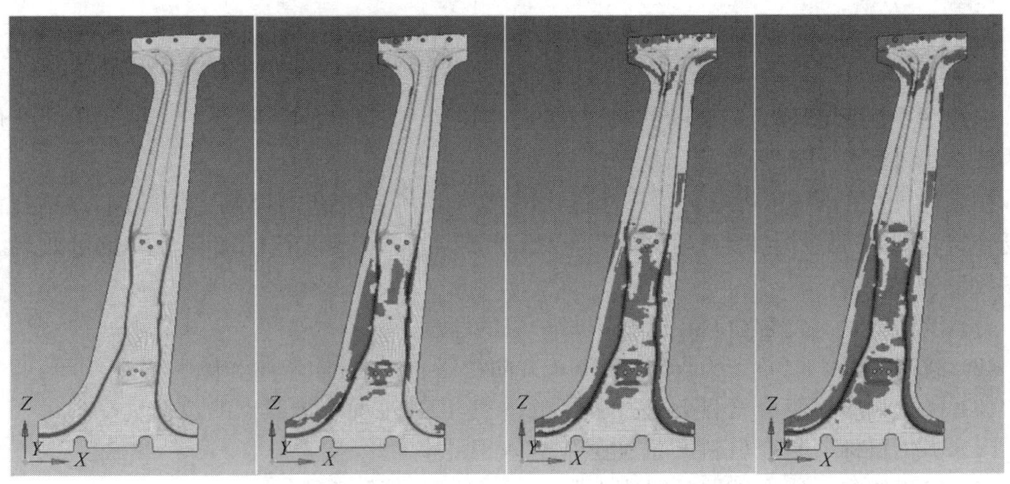

图 4－45　0°铺层的四个小层

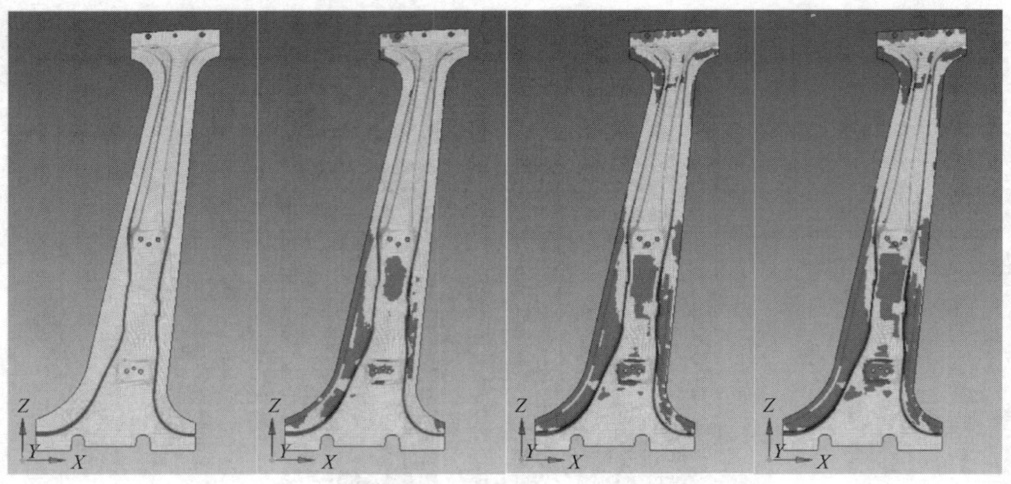

图 4-46　90°铺层的四个小层

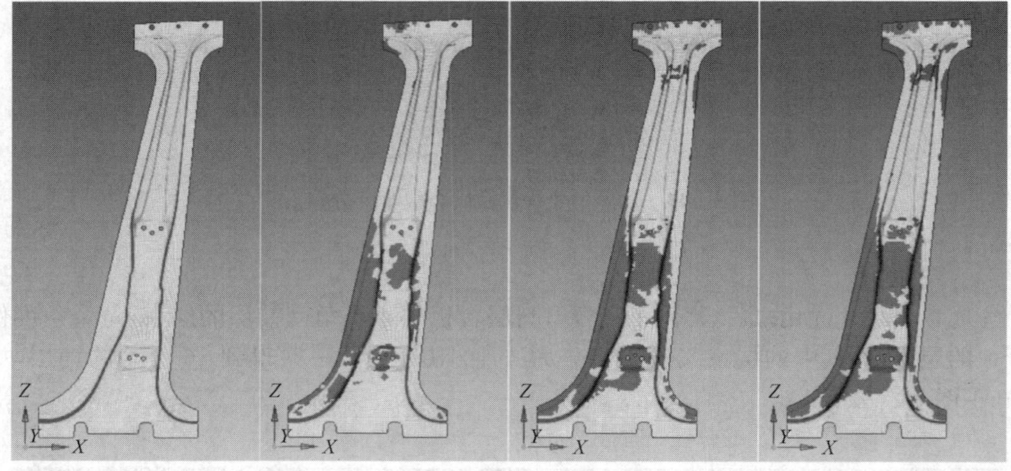

图 4-47　±45°铺层的四个小层

上述图中阴影部分为铺层的剪裁形状，由于设置了对称约束，所以 45°和－45°两个角度中的每个小铺层也分别具有相同的剪裁形状。

在尺寸优化的阶段，将对自由尺寸优化得到的 16 个铺层进行厚度上的微调，以达到在保证复合材料 B 柱加强板性能不下降的前提条件下，进一步减轻 B 柱加强板的重量效果。优化参数设置如下：

(1) 设计变量。复合材料层合板中每一层的厚度。

(2) 载荷工况。以整车为参考系，竖直方向拉压、行驶方向弯曲和侧向弯曲。

(3) 优化响应。复合材料 B 柱加强板的体积，四种工况下加载点的位移量。

(4) 优化目标。复合材料 B 柱加强板的体积最小。

(5) 优化约束。所有铺层的厚度上限不超过原厚度的 120%。

(6) 边界条件。加载点位移不超过金属材料 B 柱加强板的位移量，此处设置为 Pull 工况下位移上限 3.0 mm，Push 工况下位移下限－3.0 mm，Side 工况下位移下限－7.0 mm，

Bend 工况下位移下限－120.0 mm。

尺寸优化结果如下：经过 3 步的迭代，得到尺寸优化的结果。尺寸优化后，Pull、Push、Bend 三个工况下，加载点的位移量较自由尺寸优化结果得到进一步的减小，如图 4－48、图 4－49、图 4－51 所示。Side 工况的加载点位移有少量增加，但仍不高于所设置的边界条件，如图 4－50 所示。

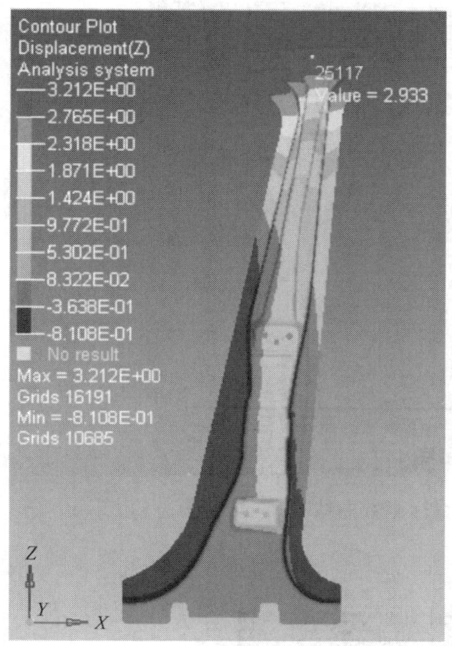

图 4－48　尺寸优化后 Pull 工况位移

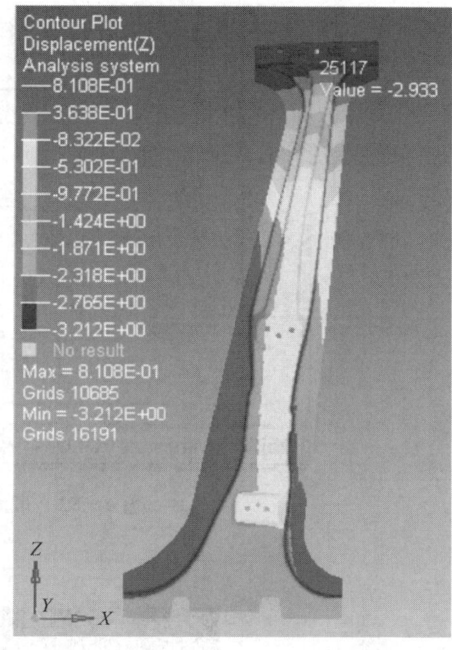

图 4－49　尺寸优化后 Push 工况位移

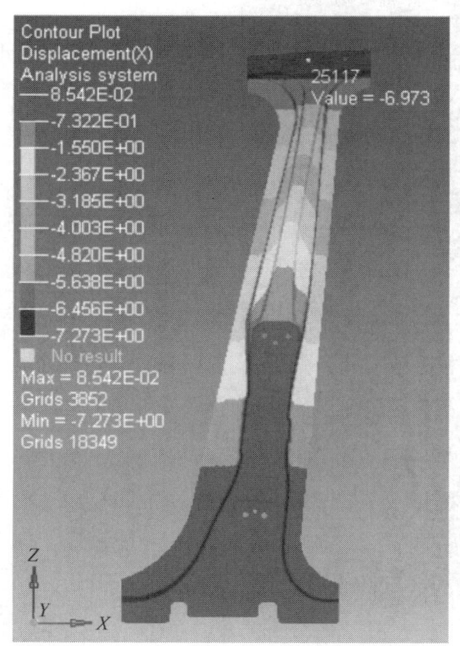

图 4－50　尺寸优化后 Side 工况位移

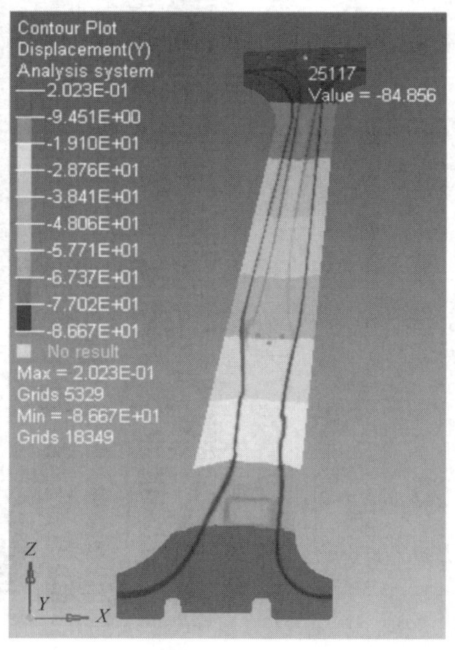

图 4－51　尺寸优化后 Bend 工况位移

从目标函数曲线图 4-52 中可以看出，尺寸优化使得复合材料 B 柱加强板的体积进一步减小；厚度分布云图 4-53 中显示，尺寸优化后复合材料 B 柱加强板的最大厚度为 4.981 mm，相比自由尺寸优化后减少了 1.019 mm。

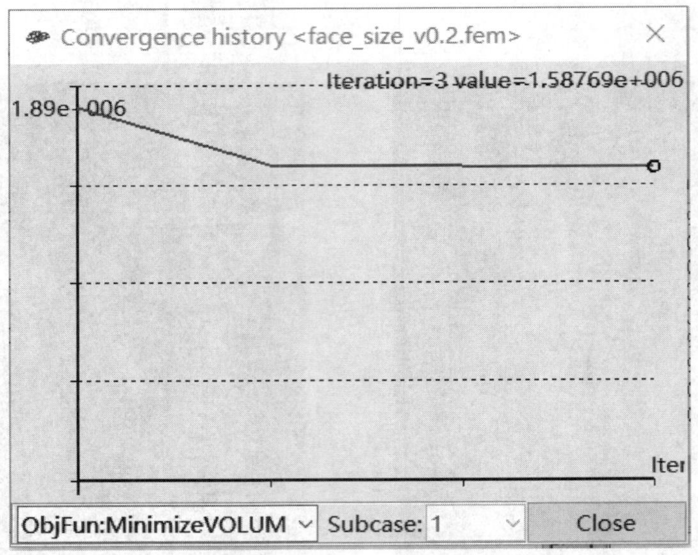

图 4-52　尺寸优化目标函数曲线

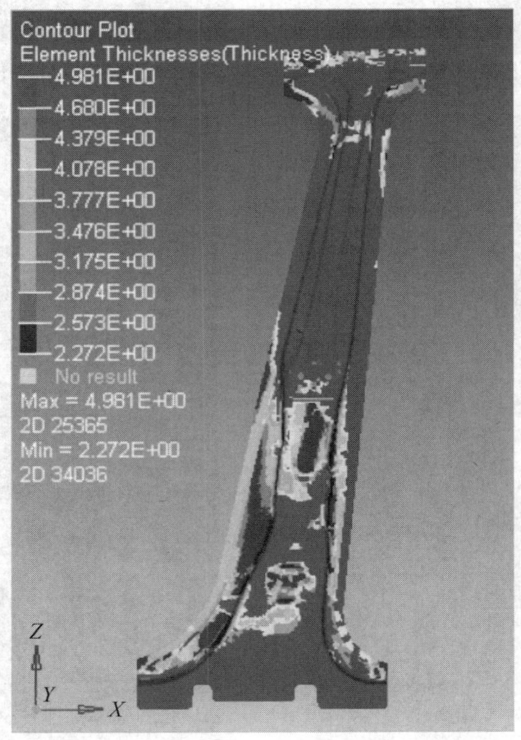

图 4-53　尺寸优化后层合板厚度分布云图

尺寸优化完成后，得到复合材料层合板中每个铺层的角度、厚度和编号等数据，如图 4－54 所示。

Define laminate:

Name	Id	Color	Material	Thickness	Orientati...	IP	Result
PLYS_11101	11101		T300	0.60848	0.0	0	yes
PLYS_12101	12101		T300	0.57196	90.0	0	yes
PLYS_13101	13101		T300	0.54573	45.0	0	yes
PLYS_14101	14101		T300	0.54573	-45.0	0	yes
PLYS_11201	11201		T300	0.55470	0.0	0	yes
PLYS_12201	12201		T300	0.42103	90.0	0	yes
PLYS_13201	13201		T300	0.37546	45.0	0	yes
PLYS_14201	14201		T300	0.37546	-45.0	0	yes
PLYS_11301	11301		T300	0.21346	0.0	0	yes
PLYS_12301	12301		T300	0.17712	90.0	0	yes
PLYS_13301	13301		T300	0.26941	45.0	0	yes
PLYS_14301	14301		T300	0.26941	-45.0	0	yes
PLYS_11401	11401		T300	0.01378	0.0	0	yes
PLYS_12401	12401		T300	0.01209	90.0	0	yes
PLYS_13401	13401		T300	0.01335	45.0	0	yes
PLYS_14401	14401		T300	0.01335	-45.0	0	yes

图 4－54　尺寸优化后各铺层的厚度

4）铺层顺序优化

由于复合材料存在各向异性的特点，所以铺层的排列顺序也将会对工件的力学性能造成影响，因此，铺层顺序优化就是通过改变复合材料铺层的堆叠顺序来改善工件所表现出的力学性能。为了尽可能减小弯扭耦合效应，45°和－45°的铺层应按照“＋/－/－/＋”或“－/＋/＋/－”的方式对称排列；模态振动频率应不低于金属材料 B 柱加强板。优化参数设置如下：

（1）设计变量。复合材料 B 柱加强板中所有铺层的排列顺序。

（2）载荷工况。以整车为参考系，竖直方向拉压、行驶方向弯曲和侧向弯曲。

（3）优化响应。复合材料 B 柱加强板的加权柔度；四个工况下加载点的位移量。

（4）优化目标。复合材料 B 柱加强板的加权柔度最小，即刚度最大。

（5）优化约束。同一角度的最大连续铺层数不超过 4 层，45°和－45°的铺层关于层中心反向对称。

（6）边界条件。加载点的位移不超过金属材料 B 柱加强板的位移量，此处设置为 Pull 工况下位移上限 3.0 mm，Push 工况下位移下限－3.0 mm，Side 工况下位移下限－7.0 mm，Bend 工况下位移下限－100.0 mm，模态振动频率下限 155.51 Hz。

铺层顺序优化结果如下：经过 10 次迭代，得出铺层顺序优化结果。目标函数曲线显示加权柔度进一步减小，即刚度得到增加，如图 4－55 所示。

Pull、Push、Bend 三个工况下，加载点的位移量较尺寸优化得到的结果进一步减小，如图 4－56、图 4－57、图 4－59 所示。Side 工况加载点位移虽然有少量增加，但是仍不高于金属材料 B 柱加强板的位移，如图 4－58 所示。

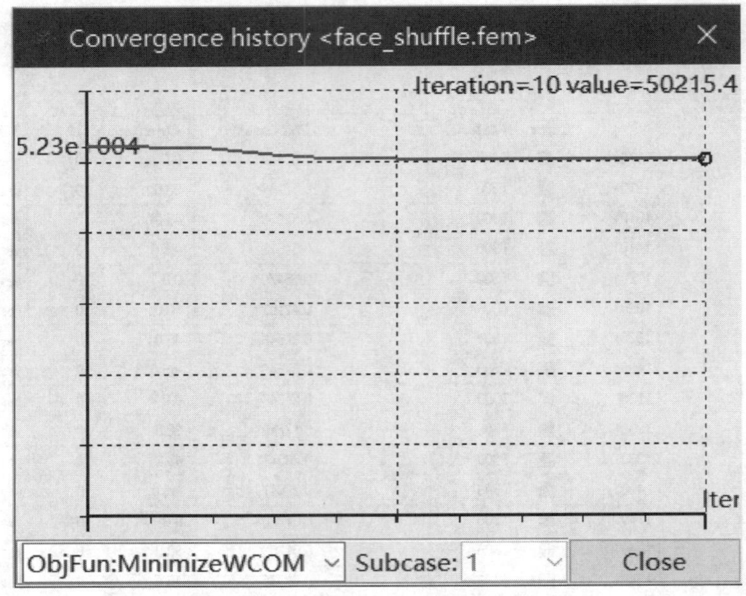

图 4-55　铺层顺序优化目标函数曲线

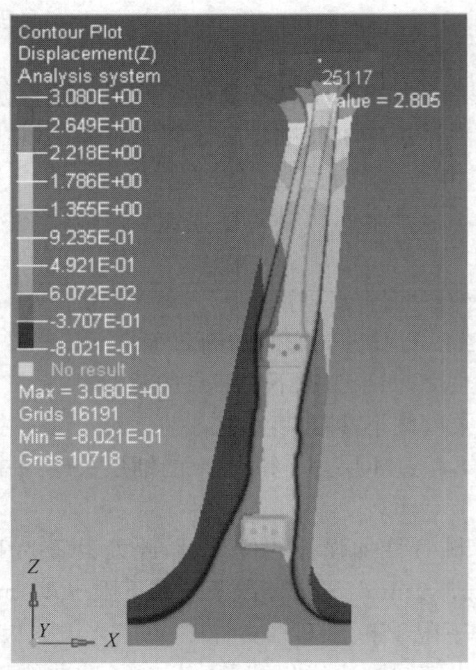

图 4-56　铺层顺序优化后 Pull 工况位移

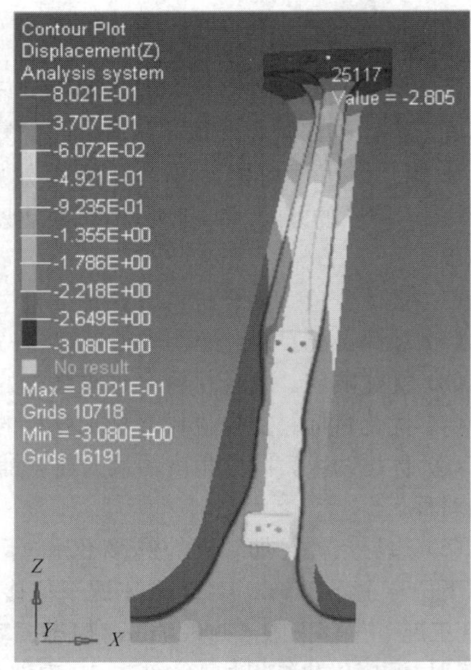

图 4-57　铺层顺序优化后 Push 工况位移

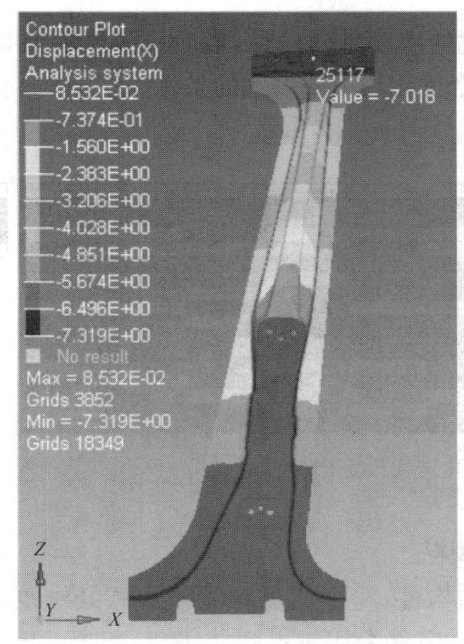

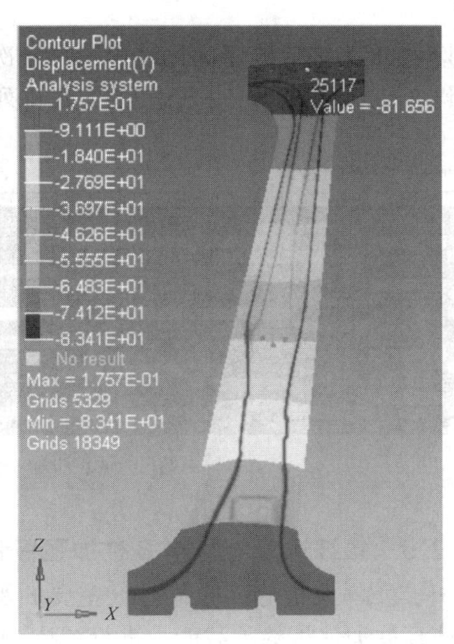

图 4 - 58　铺层顺序优化后 Side 工况位移　　**图 4 - 59**　铺层顺序优化后 Bend 工况位移

扭转模态和弯曲模态的振动频率分别为 223.90 Hz 和 267.76 Hz，满足所设的边界条件，如图 4 - 60、图 4 - 61 所示。

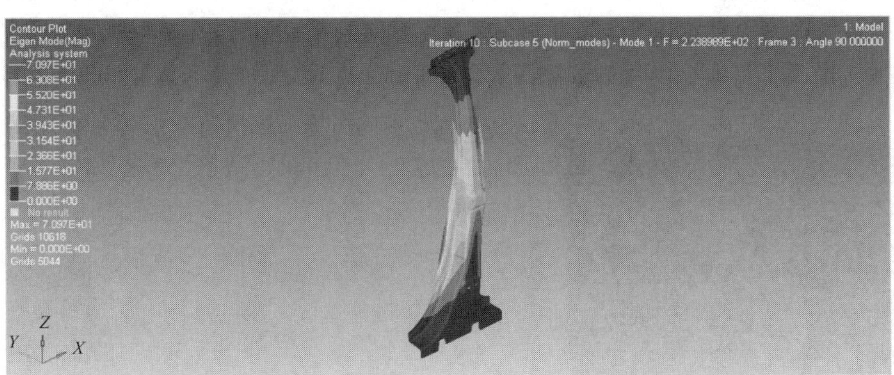

图 4 - 60　铺层顺序优化后的扭转模态频率

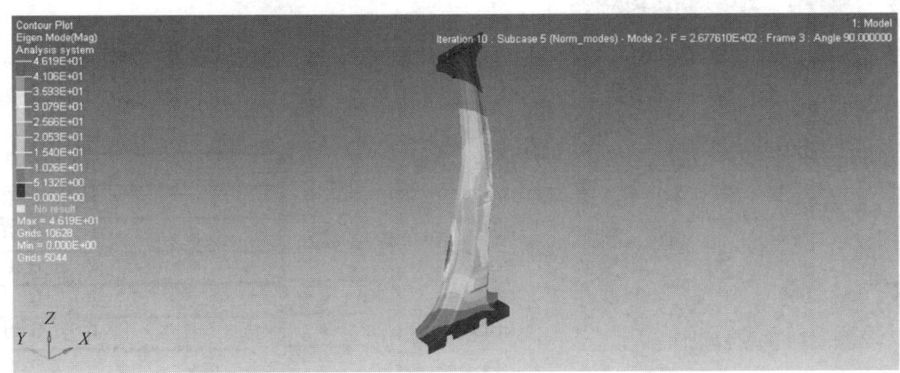

图 4 - 61　铺层顺序优化后的弯曲模态频率

图 4 - 62 为铺层顺序优化过程中每一次迭代的层序排列信息，最后一步显示±45°的铺层按照“＋－＋－”或“－＋－＋”的方式排列，符合优化约束中设置的条件。

Stacking sequence for STACK 1

Iteration 0	Iteration 1	Iteration 2	Iteration 3	Iteration 4	Iteration 5	Iteration 6	Iteration 7	Iteration 8	Iteration 9	Iteration 10	Iteration 11	Iteration 12
11101	11101	11101	11101	11101	11101	11101	11101	11101	11101	11101	11101	11101
12101	13101	12301	13301	13301	13301	12301	13301	13301	13301	12301	13301	13301
13101	14101	12101	14301	14301	14301	12401	14301	14301	14301	12101	14301	14301
14101	12101	14401	14401	12401	12101	12101	14401	12401	12101	14401	14401	12401
11201	11201	13401	13401	12101	13101	14401	13401	12301	13101	13401	13401	12101
12201	14201	13101	12101	12301	14101	13401	12101	12101	14101	13101	12101	12301
13201	13201	14101	13101	13101	11401	13101	13101	13101	11401	14101	13101	13101
14201	12201	11201	14101	14101	11201	14101	14101	14101	11301	11201	14101	14101
11301	11301	14201	11301	11401	11301	11201	11401	11401	11201	14201	11401	11401
12301	13301	13201	11401	11201	12401	14201	11301	11301	12301	13201	11301	11201
13301	14301	11401	11201	11301	12301	13201	11201	11201	12401	11301	11201	11301
14301	12301	11301	12301	14201	14201	11301	12301	14201	14201	12201	12201	14201
11401	11401	12201	14201	13201	13201	12201	12401	13201	13201	13301	14201	13201
12401	14401	13301	13201	12201	12201	13301	14201	12201	12201	14301	13201	12201
13401	13401	14301	12201	14401	14401	14301	13201	14401	14401	11401	12201	14401
14401	12401	12401	12401	13401	13401	11401	12201	13401	13401	12401	12401	13401

Legend
90.0 degrees
45.0 degrees
0.0 degrees
-45.0 degrees

图 4 - 62　铺层顺序优化迭代历史记录

4.2.5　碳纤维复合材料 B 柱加强板强度校核

B 柱是汽车发生侧面碰撞时最主要的承载结构件，将金属材料替换成碳纤维复合材料后，应对 B 柱加强板的承载能力进行校核，因此，本节将采用三点弯曲法，验证碳纤维复合材料 B 柱加强板的强度是否达到原有金属材料的水平。

1）构建三点弯曲模型

打开经过优化后的碳纤维复合材料 B 柱加强板模型，分别在其底部和顶部建立 RBE2 刚性单元，模拟侧面碰撞时的工况。约束底部自由度 1、2、3、5、6，即 XYZ 方向的平动和 YZ 方向的转动；顶部约束自由度 1、2、5、6，即 XY 方向的平动和 YZ 方向的转动；在 B 柱加强板的中部施加 Y 轴方向 20 mm 的强制位移，并将此工况命名为“Crash”，如图 4 - 63 所示。

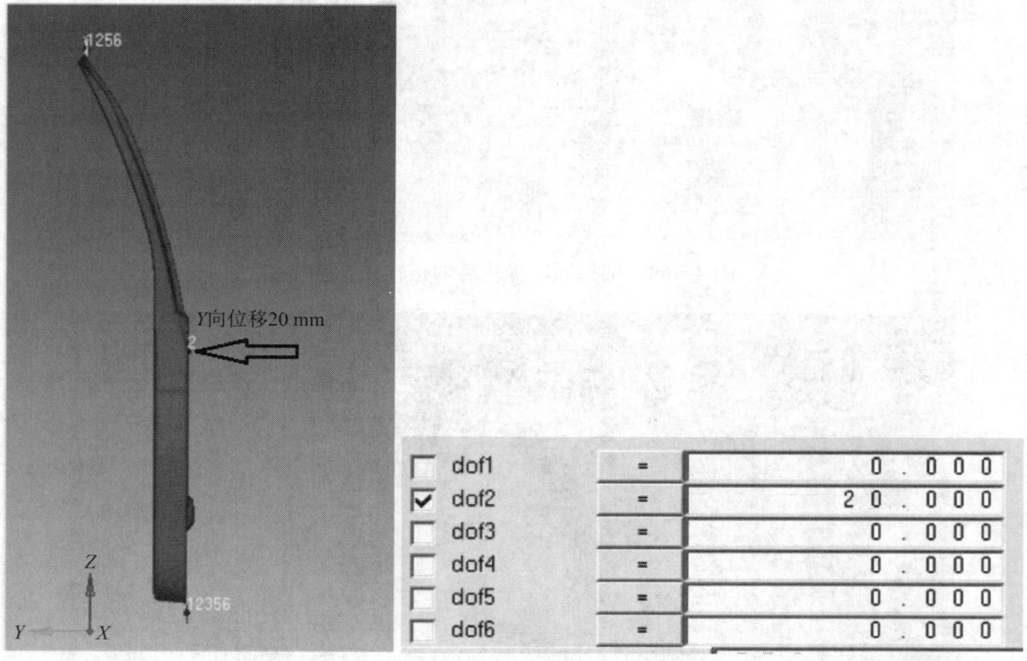

图 4 - 63　三点弯曲验证模型

2）分析运算结果

经过计算机运算后，得到两种材料的 B 柱加强板三点弯曲验证结果如下。从图 4－64 中可以看出，金属材料 B 柱加强板的最大位移出现在加载点上方的左侧边缘处，数值为 27.023 mm；最大应力出现在左下方边缘处，为 2 503.054 MPa，已经超过材料的屈服强度，在加载点上方变形较大的位置取一点，显示应力为 1 004.206 MPa，也超过了材料屈服强度。

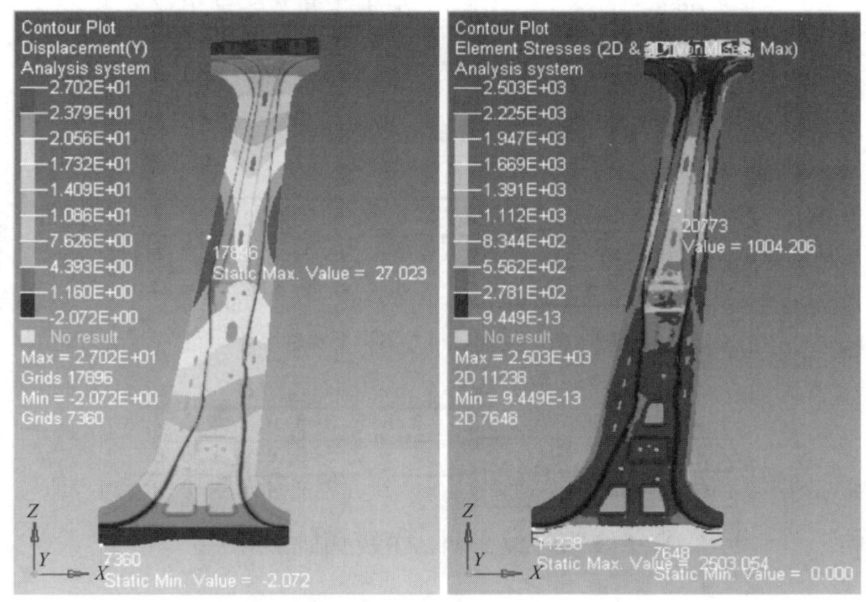

图 4－64　金属材料 B 柱加强板的位移和应力云图

碳纤维复合材料 B 柱加强板的最大位移同样出现在加载点上方左侧边缘处，但位移量小于金属材料 B 柱加强板，为 25.051 mm；最大应力出现在加载点右上方靠近边缘的位置，为 1015.335 MPa，仍处在碳纤维复合材料的承受范围内，同样在加载点上方变形较大的位置取一点，显示应力只有 590.028 MPa，远低于金属材料的 1 004.206 MPa，如图 4－65 所示。

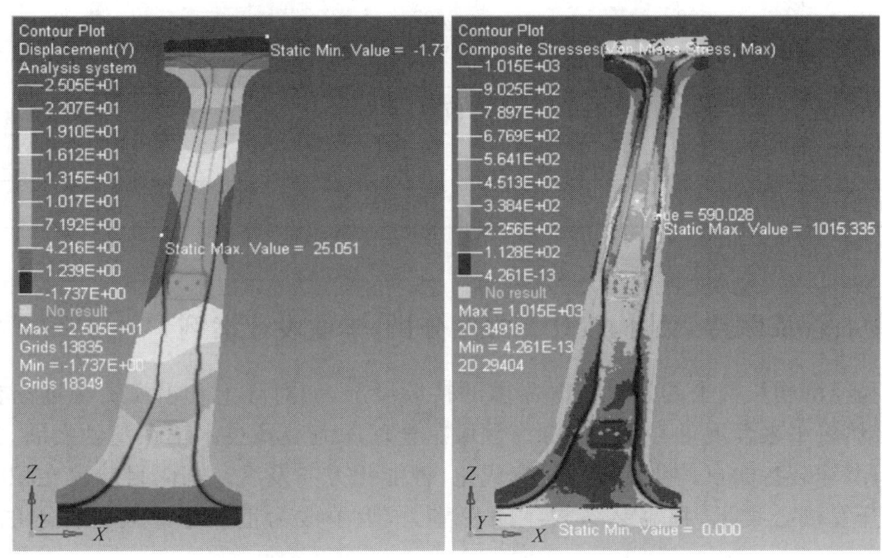

图 4－65　碳纤维复合材料 B 柱加强板的位移和应力云图

3）结果数据分析

经过上述章节的分析和优化，得到如图 4－66～图 4－68 和表 4－3 中所示的数据。从中可以看出，将金属材料 B 柱加强板替换为碳纤维复合材料之后，承载能力得到提升；经过优化的碳纤维复合材料 B 柱加强板，在性能不低于原有金属材料的情况下，减重比可达到 58.02%。

area =	353307.787
volume =	847938.690
total mass =	6.656e-03

图 4－66 金属模型质量统计

area =	365386.627
volume =	2.192e+06
total mass =	3.858e-03

图 4－67 复合材料方案模型质量统计

area =	365386.627
volume =	1.588e+06
total mass =	2.794e-03

图 4－68 复合材料优化模型质量统计

表 4－3 分析数据统计

项目		金属材料模型	碳纤维复合材料等厚平板模型	优化后的碳纤维复合材料模型
厚度/mm		2.4	6	4.981
质量/kg		6.656	3.858	2.794
变形/mm	Pull	3.028	2.678	2.805
	Push	3.028	2.678	2.805
	Side	7.029	5.309	7.018
	Bend	251.271	97.118	81.656
	Crash	27.023	—	25.051
减重比		—	42.04%	58.02%

4.3 《抛石管及保持架结构设计与强度分析》毕业设计案例

人口和经济增长带来的是对资源需求的持续增加，面对陆上和沿海资源逐渐枯竭的局面，世界必然将未来发展重心聚焦于深海领域。全球深海装备技术正在蓬勃发展，技术创新层出不穷，海洋装备向自动化、绿色化、集成化、智能化方向发展。国内目前也在积极突破深海探测与开发核心技术，提高装备自主研发能力，力争成为世界深海装备技术的引领者。

“十三五”期间，深海关键技术及装备快速发展。中国先后研制完成“深海勇士”号载人潜水器、“奋斗者”号大深度载人潜水器、“海翼”号滑翔机、“探索一号”科考船和“探索二号”载人潜水器支持保障母船等一批先进装备，国内已经形成了国际上独一无二的深海装备集群。

“十四五”期间是国内深海科技重大发展的战略机遇期。着重推进深海技术和装备的研发，将“国之重器”打造成“国之利器”。本节选自融合企业需求案例的学生毕业设计论文《抛石管及保持架结构设计与强度分析》，解决目前港埠深水化所遇到的一些问题，寻找在基本要求下最优的机械结构，以最大效益满足生产需求，同时能够满足现在绿色施工的发展要求，有利于在满足强度、刚度的要求下减少装置的制造和安装成本，有利于资源的高效利用。培养学生关心海洋、提升海洋保护意识，积极参与建设海洋强国。

4.3.1　项目背景

港埠深水化是一个长期的趋势和发展过程，对深水抛石整平技术的研究也一直在进行。水下基床抛石整平是港口工程实施的重要施工工序。该工序在国内仍存在使用人工方法实施的现象。人工方法定位精度低、作业效率低、劳动强度大，且其受外界环境因素的影响大。因此，提高水下基床抛石整平的机械化程度是港口工程施工中急需解决的课题。

本案例的毕业设计“抛石管及保持架结构设计与强度分析”在学校导师与企业工程师共同指导下，深度结合上海振华重工(集团)股份有限公司企业项目要求及其所需功能设计，研究和设计抛石整平船抛石管保持架，针对装置的上箱梁部分、下箱梁部分、侧梁部分、套筒、翻转机构、固定机构及装置整体结构进行方案的设计和规划，并完成产品整体的结构设计。针对产品的主要受力且危险截面的关键位置进行强度计算与校核，并基于 ANSYS Workbench 软件进行抛石整平船工作状态下对抛石管保持架整体的应力应变及变形状态的计算，最终完成整体的系统设计。

4.3.2　基于 Solidworks 的保持架三维建模

4.3.2.1　保持架三维建模

Solidworks 软件是一款基于 Windows 开发的三维 CAD 软件，它是融建模、结构分析、二维工程图、装配设计和协同工作等功能于一体的大型通用三维 CAD 软件。此软件操作界面较为人性化，操作难度较小，且可实现的功能多样化。软件主要包括零件建模、装配体装配和工程图转化等部分。在接下来的设计研究中将基于 Solidworks 进行对抛石管保持架的整体建模。

1）三维模型建立分析

为了得到尽可能准确的模拟真实的试验工况和工作环境，减少其仿真分析误差，所以三维设计模型需要尽量贴近真实结构。为此按照所设计装置的 1∶1 比例进行建模，首先建立抛石管保持架的三维模型。同时，为了减少计算的工作量，缩短计算周期，以及方便之后在 ANSYS Workbench 中进行网格划分，在不影响模拟实验模型的准确性的前提下，在使用 Solidworks 建模时，可对一些板件结构进行一定的简化。

2）保持架结构组成及各部件三维模型建模

由于本设计装置为由钢板、角钢等焊接而成的焊接件，其除了与抛石管接触的地方装有 HARDOX 材质的耐磨板外，其他构件都是 Q345D 钢材，Q345D 是中国常用的低合金钢板。和德国的 S355J2，美国的 ASTM A529MGr50 是同一级别，化学成分略有差异，机械性能相同。因为其优良的机械性能及较高的性价比广泛用于国内港口大型设备。

在建模时可按照工程图中的零件件号进行零件建模，最后组装成装配体。由于是焊接件，在 ANSYS Workbench 中导入模型可省略添加内部各个部件间的配合关系，可默认其为同一构件。由于在三维软件装配图中各部件间相关面重合，故省略焊缝。

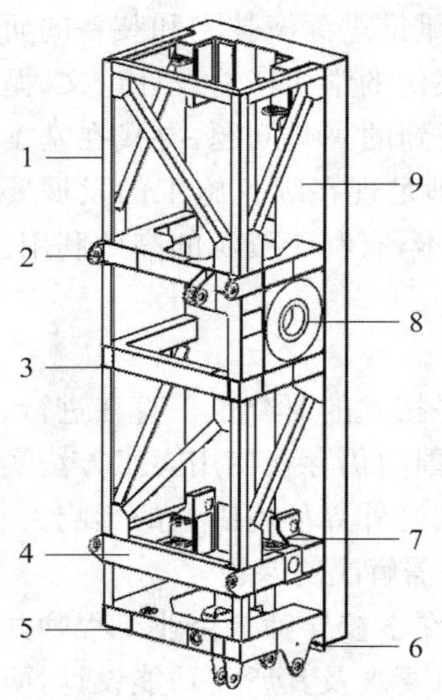

1—支撑角钢；2—上箱梁；3—下箱梁；4—固定机构；5—滑轮底座；6—连接法兰；7—套筒；8—翻转机构；9—侧梁

图 4-69 抛石管保持架总体结构图

抛石管保持架由上箱梁、下箱梁、套筒、侧梁、支撑角钢、翻转机构、固定机构、滑轮底座、连接法兰等部件组成，其主要组成结构如图 4-69 所示。

抛石管保持架可以将抛石整平船抛石管限制在保持架中的限定路径中，由各截面上安装的导向轮提供限位。侧梁上焊接有四块 HARDOX 材质的耐磨板，当抛石管底部抛石整平头与水下基床相接触摩擦时会产生一个垂直于侧梁的拉/压应力，其作用力的作用部分为此四块耐磨板。滑轮底座下安装由四个用于抵消装置重力的滑轮，其滑轮通过钢丝绳与外部绞车相连接，钢丝绳提供给抛石管保持架一个垂直向上的力，力大小与保持架重力持平，以减少重力对抛石管保持架约束部位的影响，另外还安装有两个滑轮用于引导溜管槽的方向。上箱梁和下箱梁之间的结构安装有一个翻转机构，其焊接在装置上且背面有八块肋板加以强化，外部有一旋转轴与其上销轴孔相配合，由液压马达提供驱动力，通过开式齿轮传动，将保持架和抛石管旋转 90°至水平/垂直状态；旋转轴通过花键和法兰与保持架连接，在抛石工况下，保持架会通过钢丝绳改向的作用，伸出船舷外；在回收抛石管工况下，随翻转机构同步动作，将抛石管和抛石整平头收回至船舷内。固定装置上有一小销轴孔，当保持架处于水平固定或垂直固定的情况下，绞车会拉动侧边滑轮上的钢丝绳以防止抛石管(包含保持架和抛石整平船)倾覆，另外操作人员会将其通过液压装置伸出一固定轴与抛石管保持架下端固定装置销轴孔处固定，当保持架需要移动时固定轴撤离。操作人员可以在船上小车处的操作平台进行工作，完成整套抛石整平的工作。

3) 抛石整平船抛石管保持架整体建模

通过查询企业前期类似项目的参考及对该项目实际情况的考量，企业前期提供暂定的主要设计参数见表 4-4。

表 4-4 设计参数整合

参数	数值
最大作业流速	0.5 m/s
最大作业风速	6 级
最大生存风速	8 级
整平作业水深	14～28 m

（续表）

单次整平行程	38 m
石料输送量	300 t/h
综合工效	1.5 垄/小时
石料粒径	2.36～63 mm
大车移动速度	2.5 m/min
抛石管内径	1 m
抛石管高度	40 m(含抛石整平头)
抛石整平头工作时水平力	10 t
抛石整平头工作时横向水平力	2 t
抛石管起升绞车拉力	5 t
抛石管翻转时抛石管和保持架重心与旋转中心距离	0.6 m(旋转中心上方)
抛石管粗估重量	46 t
保持架粗估重量	22 t
大车(含保持架和抛石管外其上所有设备)粗估重量	150 t

装置的研究设计过程为：首先，根据暂定的设计参数先进行大致框架尺寸的确定；其次，参考前期项目图纸进行整体装置的改进及进行 Solidworks 三维整体大致框架模型的建模；再次，当整体建模完成后将该装置从细节优化后拆解为各个焊接板件、角钢等钢材进行分离，得到其各个部件的大小及形状；最后，通过重新进行分别的零部件建模，组装成完整的三维装配图导出。

4.3.2.2　抛石整平船抛石管保持架主要部件分析

1）上、下箱梁模型

上箱梁结构主要由上盖板、下盖板、支撑肋板组成，其侧面装有多个滑轮，侧边两个小滑轮的作用为当抛石管保持架处于水平状态下滑轮上装有的钢丝绳会拉住保持架防止其倾覆。两个大滑轮的作用为提供导向作用，实际并不受力。上箱梁上盖板上还装有导向轮(图 4－70 未表现)来实现对抛石管的导向功能。上箱梁三维模型如图 4－70 所示。

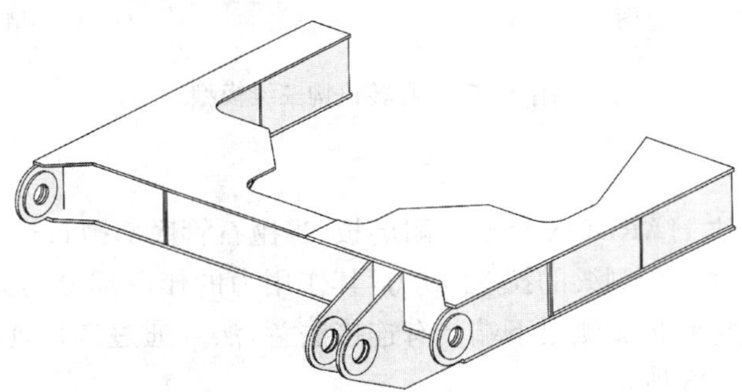

图 4－70　上箱梁三维模型

下箱梁主要由上盖板、下盖板、支撑肋板组成。下箱梁三维模型如图 4－71 所示。

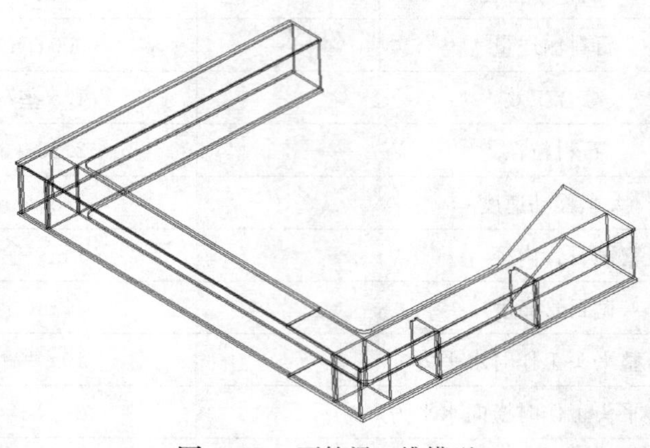

图 4－71 下箱梁三维模型

2）翻转机构模型

翻转机构焊接在上、下箱梁之间且背面有八块焊接肋板加以强化，外部有一旋转轴与其上销轴孔相配合，由液压马达提供驱动力，通过开式齿轮传动，将保持架和抛石管旋转 90°至水平/垂直状态；旋转轴通过花键和法兰与保持架连接，在抛石工况下，保持架会通过钢丝绳改向的作用，伸出船舷外；在回收抛石管工况下，同步动作，将抛石管和抛石整平头收回至船舷内。翻转机构三维模型如图 4－72 所示。

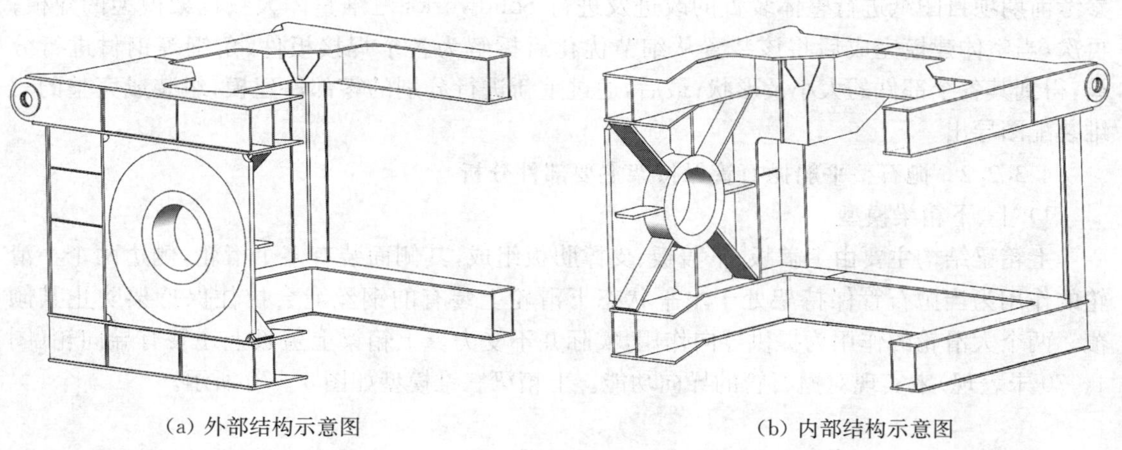

(a) 外部结构示意图　　(b) 内部结构示意图

图 4－72 翻转机构三维模型

3）侧梁模型

侧梁上焊接有四块 HARDOX 材质的耐磨板，当抛石管底部抛石整平头与水下基床相接触摩擦时会产生一个垂直于侧梁的拉/压应力，其作用力的作用部分为此四块耐磨板。侧梁内部还焊接有多块强化肋板。侧梁下端装有连接法兰，法兰通过螺栓连接保持架和溜管槽。侧梁三维模型如图 4－73 所示。

由于在三维软件装配图中各部件间相关面重合，故省略焊缝。

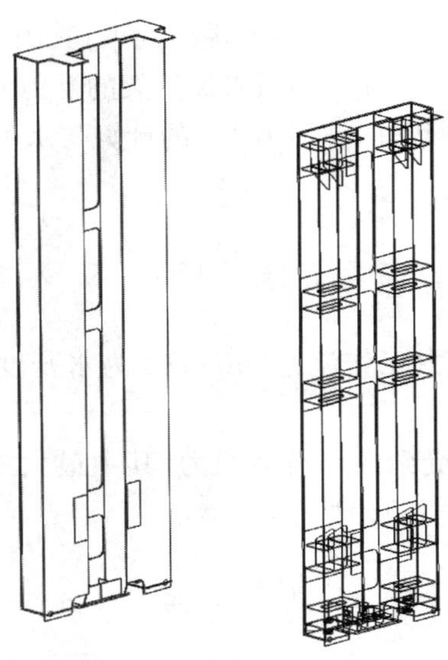

图 4-73　侧梁三维模型

4.3.3　设备主要结构设计及计算

4.3.3.1　设备整体计算及受力分析

1）设备整体重量计算

通过预先的设计参数，抛石管保持架的总重量在 22 t 左右，建模后通过 Solidworks 称重发现，并没有达到预先设定的重量，实际重量大约为 14 t，考虑焊接的焊缝，以及固锁在保持架装置上的抛石管和抛石整平头，为了结构设计的安全性考虑，其设备重量定为 15 t 进行后期计算，则整套设备重为 15 t。

抛石管保持架滑轮底座处给的力需要大致与保持架自重相持平，所以定滑轮上所带的垂直向上的力为 15 t。

2）保持架工况下各位置所受载荷计算

由于保持架下方的滑轮提供的力大致可以抵消保持架自身的重力，另外基本不存在垂直方向的力，所以在此不考虑垂直方向的载荷，优先计算水平方向的载荷。

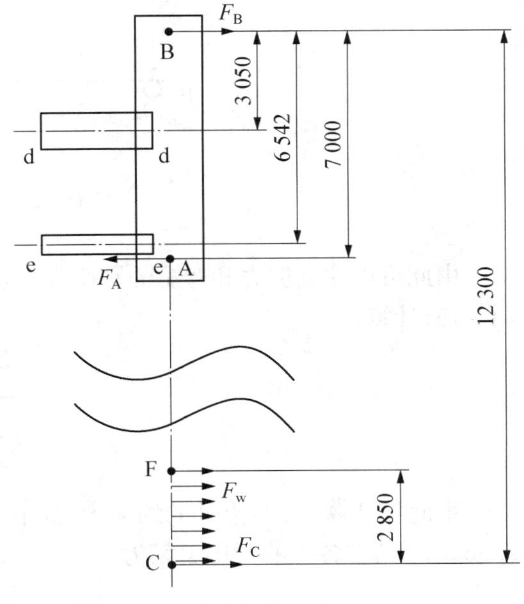

图 4-74　抛石管保持架受力分析

在抛石整平头进行整平基面时，可以通过保持架的受力情况进行分析。如图 4-74 所示，抛石管所受的基面摩擦力为 F_C；抛石管底部(包含抛石整平头)到水面的范围受到一个水流对抛石管运行的阻力 F_w；因为抛石管与保持架接触的只有两对耐磨板(其中一对耐磨板包含两块相同的且对称布置的耐磨板)，且该情况也不太适用超静定计算结构内力，所以本情况视为静定梁静定力学分析，其中 A 点和 B 点两个铰点即代表保持架上两组耐磨板的位置；保持架工况时翻转机构的旋转轴 d－d 给保持架提供约束；其固定机构中也有小销轴连接在保持架上给保持架提供约束。图 4－74 为抛石管保持架的受力分析。

波浪力计算，通过查找资料可知，波浪力 F_w 的计算与水中接触面面积、水流速度等因素有关，可以通过式(4－13)计算：

$$F_w=\frac{C_d\rho Av}{2} \tag{4-13}$$

式中，C_d 为拖拽力系数；v 为最大工作流速(m/s)；ρ 为水密度(kg/m^3)；A 为研究对象在水中的横截面面积。

由此可计算抛石管在水中受到的水流波浪力，其中最大工作流速 $v=0.5$ m/s，水密度 $\rho=1\times 103$ kg/m^3，通过式(4－13)计算可得

$$F_w=\frac{C_d\rho Av}{2}=94.2\,\text{N/m}$$

抛石管工作时横向水平力计算，由企业项目基本参数可确定抛石管工作时受到水平横向力大小为 2 t，可以计算抛石管保持架中受力分析图 4－74 中 F_C 的大小，其中取重力加速度为 $g=9.8$ m/s^2，通过下式计算可得

$$F_C=mg=2\times 10^3\ \text{kg}\times 9.8\ \text{m/s}^2=19\,600\ \text{N}$$

因为抛石管与保持架接触的只有两对耐磨板(其中一对耐磨板包含两块相同的且对称布置的耐磨板)，且该情况也不太适用超静定计算结构内力，所以本情况视为静定梁静定力学分析，其中 A 点和 B 点两个铰点即代表保持架上两组耐磨板的位置，其中 d－d、e－e 的两个约束实际工况下并不参与其受力，在此可忽略，则静定梁受力分析图如图 4－75 所示。

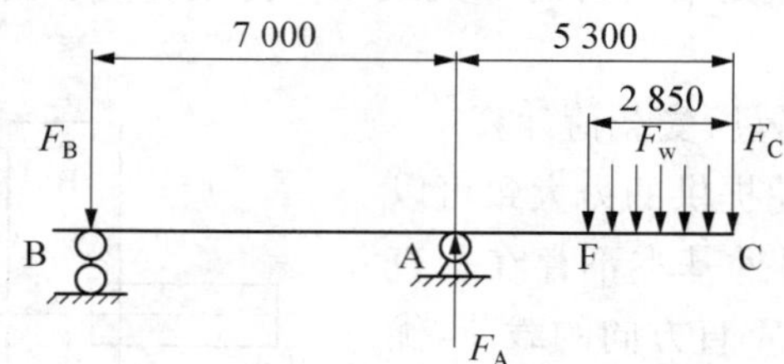

图 4－75　静定梁受力分析图

由此可以建立剪力和弯矩的平衡方程，可以通过剪力平衡公式(4－14)和弯矩平衡公式(4－15)计算：

$$\sum F_Y=0 \tag{4-14}$$

$$\sum m_A=0 \tag{4-15}$$

由此可计算 A、B 点处的约束力，其中 $F_w=94.2$ N/m，$F_C=19\,600$ N，$CF=2\,850$ mm$=$2.85 m。其中各力的大小关系为

$$\sum F_Y = F_B - F_A + 19\,600 + 94.2 \times 2.85 = 0$$

$$\sum M_A = 19\,600 \times 5.3 + 2.85 \times 94.2 \times \left(5.3 - \frac{2.85}{2}\right) - F_B \times 7 = 0$$

则可得 $F_A \approx 34.857\,1\,\text{kN}$，$F_B \approx 14.988\,6\,\text{kN}$。

由于 F_A 和 F_B 均分别由两块对称且相同的耐磨板承受，所以

$$R_A = \frac{F_A}{2} = \frac{34.857\,1}{2} = 17.428\,6(\text{kN})$$

$$R_B = \frac{F_B}{2} = \frac{14.988\,6}{2} = 7.494\,3(\text{kN})$$

绘制其剪力图和弯矩图分别如图 4－76、图 4－77 所示。

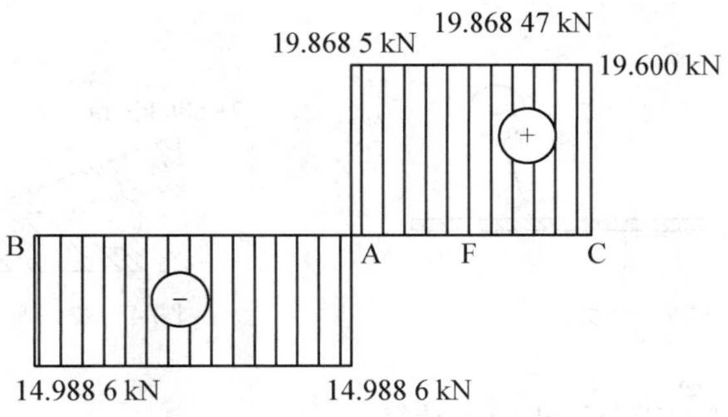

图 4－76　剪力图(一)

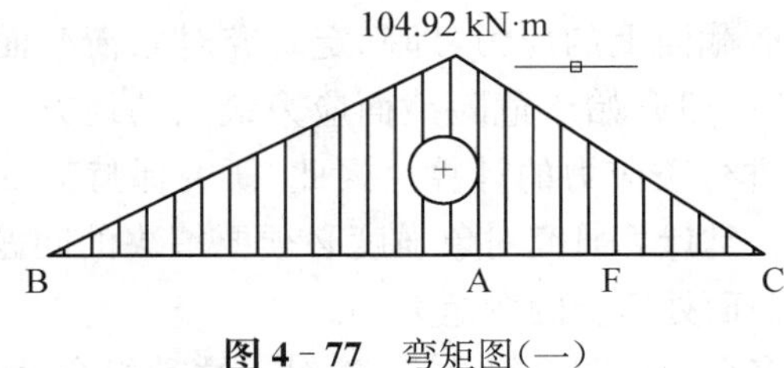

图 4－77　弯矩图(一)

4.3.3.2　保持架水平固定时各位置受力分析

当翻转机构旋转轴带动抛石管保持架旋转 90°至水平状态时，保持架水平固定时，此时保持架仅受自身重力(包含抛石管和抛石整平头)以及保持架侧面滑轮所安装的钢丝绳上所提供的竖直方向的力。此时抛石整平头上翻转机构及固定机构上的大小销轴也固定在抛石管保持架上，实际情况下不受力，但是作为两个约束存在。

通过企业项目的设计参数可知，保持架在水平固定时的重心(包含抛石整平头、抛石管)处于距离旋转中心靠近保持架顶部方向的 0.6 m，其重量(包含抛石整平头和抛石管)大约为 52 t。其中，取重力加速度为 $g = 9.8\,\text{m/s}^2$ 可以通过下式计算其所受重力大小为

$$G = mg = 52 \times 10^3\,\text{kg} \times 9.8\,\text{m/s}^2 = 509.6\,\text{kN}$$

则水平状态下静定梁受力分析图如图 4 - 78 所示。

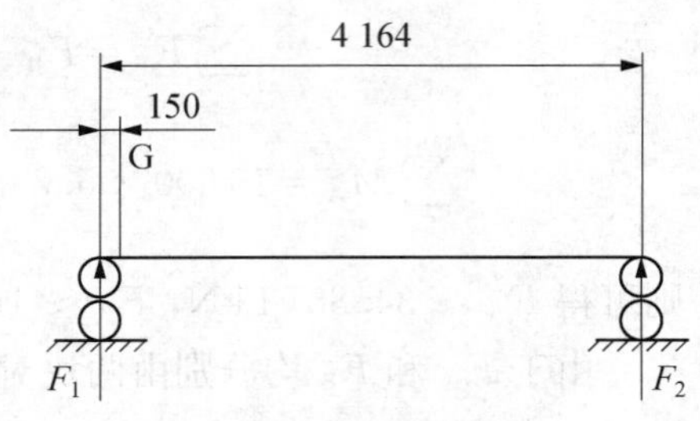

图 4 - 78 静定梁受力分析图

由此可以建立剪力和弯矩的平衡方程，可以通过剪力平衡公式和弯矩平衡公式计算。由此可计算 A、B 点处的约束力，其中，$G=509.6\,\text{kN}$。其中各力的大小关系为

$$\sum F_Y=F_1+F_2-G=0$$

$$\sum M_1=F_2\times 4.614-G\times 0.15=0$$

则可得 $F_1\approx 491.24\,\text{kN}$，$F_2\approx 18.36\,\text{kN}$。

绘制其剪力图和弯矩图分别如图 4 - 79、图 4 - 80 所示。

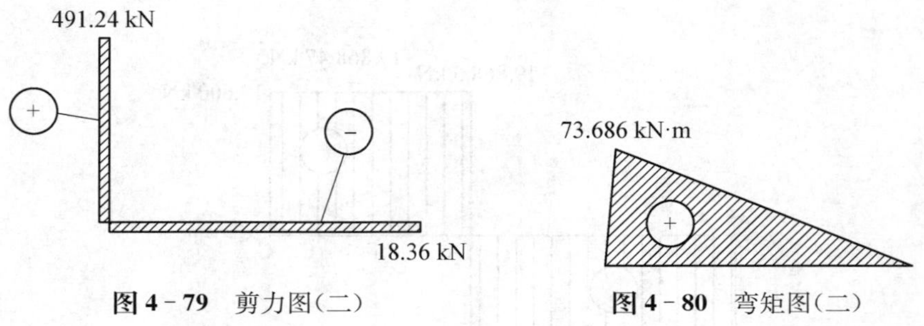

图 4 - 79 剪力图(二)　　**图 4 - 80** 弯矩图(二)

4.3.3.3 上箱梁截面工况下正应力计算

前面计算了保持架整体及各个截面所受剪力及弯矩，并通过计算得出了其剪力图及弯矩图。但是最终还要对抛石管保持架进行强度计算，必须确定保持架横截面上的应力，即需要确定抛石管保持架危险横截面上的应力，即确定研究对象横截面上的最大应力值和应力分布情况，因为构件的破坏一般开始于危险截面应力最大的地方。所以在此选择了保持架上较为危险的上箱梁截面进行正应力的计算。因此，研究保持架受力时横截面上应力分布规则，确定应力的计算公式，是计算研究对象强度必须要解决的问题。下面将分别计算上箱梁截面的惯性矩和上箱梁截面处所受的弯矩大小。

上箱梁的横截面是由多个简单图形组合而成，对于这种组合截面，需要用组合法计算它的惯性矩。即在这里把该组合截面划分成 n 个简单图形，设每个简单图形的面积分别为 A_1、A_2、…、A_n。根据惯性矩定义及积分的概念，组合截面对某一轴的惯性矩等于每一简单图形对同一轴的惯性矩之和，计算公式如下：

$$I_Z=\sum_{i=1}^{n} I_Z(i) \tag{4-16}$$

根据平行移轴定理可知，截面对任一轴(不通过形心)的惯性矩，等于截面对平行于该轴的形心轴的惯性矩与一附加项之和，该附加项等同于截面面积与两轴距离平方之积，计算公式如下：

$$I_Z=I_{Z0}+Ad^2 \tag{4-17}$$

1）上箱梁截面组合截面惯性矩计算

根据上箱梁截面图，将上箱梁的截面分割为27个简单图形，其各个简单截面均为规则的矩形，其坐标系中该组合截面的形心坐标可通过第2章中Solidworks整体建模获得，通过软件的计算可知，其形心C的坐标为(337，−94)。

由平行移轴定理公式可计算得到上箱梁截面各分割块对同一轴的惯性矩，而组合截面(即上箱梁截面)对该轴的惯性矩等于各分割块对该轴的惯性矩之和，所以，由惯性矩的组合公式计算可得

$$\begin{aligned} I_Y &= \sum_{i=1}^{27} I_Y(i) \\ &= I_{YC}(\mathrm{I}) + I_{YC}(\mathrm{II}) + I_{YC}(\mathrm{III}) + I_{YC}(\mathrm{IV}) + \cdots + I_{YC}(\mathrm{XXVI}) + I_{YC}(\mathrm{XXVII}) \\ &= 2.592 \times 10^{11}\ \mathrm{mm}^4 \end{aligned}$$

2）上箱梁截面工况下弯矩计算

当抛石管保持架处于工作状态下，根据抛石管保持架静定梁受力分析图4－75及抛石管保持架弯矩图4－77，可得上箱梁截面受到的绝对值最大弯矩时最大弯矩为39.45 kN·m。

3）上箱梁截面工况下正应力计算

通过查找资料可知，横截面任意一点的正应力σ计算公式如下：

$$\sigma = \frac{My}{I} \tag{4-18}$$

式中，M为该横截面所受的弯矩大小(N·m)；y为该点关于中性层的距离；I为截面对中性轴的惯性矩，其大小只和截面形状及尺寸有关。

由正应力计算公式计算可得

$$\sigma_{\max} = \frac{My}{I} = \frac{39.45\ \mathrm{kN \cdot m} \times 1\,075\ \mathrm{mm}}{2.592 \times 10^{11}\ \mathrm{mm}^4} \approx 0.164\ \mathrm{MPa}$$

此时其所受正应力远远小于Q345D钢材的许用正应力。

4.3.3.4　下箱梁截面工况下正应力计算

下面将分别计算下箱梁截面的惯性矩和下箱梁截面处所受的弯矩大小。

下箱梁的横截面是由多个简单图形组合而成，对于这种组合截面，需要用组合法计算它的惯性矩。即在这里把该组合截面划分成n个简单图形，设每个简单图形的面积分别为A_1、A_2、…、A_n。根据惯性矩定义及积分的概念，组合截面对某一轴的惯性矩等于每一简单图形对同一轴的惯性矩之和。

根据平行移轴定理可知，截面对任一轴(不通过形心)的惯性矩，等于截面对平行于该轴的形心轴的惯性矩与一附加项之和，该附加项等同于截面面积与两轴距离平方之积。

根据下箱梁截面图，将下箱梁的截面分割为22个简单图形，其各个简单截面均为规则的矩形，其坐标系中该组合截面的形心坐标可通过Solidworks整体建模获得，通过软件的计算可知，其形心C的坐标为(337，−94)。

由平行移轴定理公式可计算得到下箱梁截面各分割块对形心轴的惯性矩，而组合截面(即下箱梁截面)对该轴的惯性矩等于各分割块对该轴的惯性矩之和，所以，由惯性矩的组合

公式可计算得到

$$
\begin{aligned}
I_Y &= \sum_{i=1}^{27} I_Y(i) \\
&= I_{YC}(\text{Ⅰ}) + I_{YC}(\text{Ⅱ}) + I_{YC}(\text{Ⅲ}) + I_{YC}(\text{Ⅳ}) + \cdots + I_{YC}(\text{ⅩⅪ}) + I_{YC}(\text{ⅩⅫ}) \\
&= 1.619 \times 10^{11}\ \text{mm}^4
\end{aligned}
$$

1）下箱梁截面工况下弯矩计算

当抛石管保持架处于工作状态下，根据抛石管保持架静定梁受力分析图 4－75 与抛石管保持架弯矩图 4－77，可得下箱梁截面受到的绝对值最大弯矩时最大弯矩为 63.61 kN·m。

2）下箱梁截面工况下正应力计算

通过查找资料可知，横截面任意一点的正应力计算如下：

$$
\sigma_{\max} = \frac{My}{I} = \frac{63.61\ \text{kN}\cdot\text{m} \times 1\,075\ \text{mm}}{1.619 \times 10^{11}\ \text{mm}^4} \approx 0.422\ \text{MPa}
$$

此时其所受正应力远远小于 Q345D 钢材的许用正应力。

4.3.4　基于 ANSYS 的抛石整平船抛石管保持架的内部应力分析

本节主要对抛石整平船工作状态下抛石管保持架整体的应力、应变进行分析，分析抛石管保持架在多个载荷共同作用的工况下，所能承受的变形情况和强度极限。

本研究所用 ANSYS 版本为 ANSYS Workbench 17.0。ANSYS Workbench 静力学应力、应变分析可以用于计算一个零部件或系统的应力分布或变形情况。静力学分析在许多工程里扮演关键角色，对象为在力作用下平衡的刚体。ANSYS Workbench 的静力学分析基本原理为通过用有限元法计算出各单元内的应力值，并推导得出其他静力学参数。

本抛石管保持架分析属于静力学分析。利用软件 ANSYS Workbench 17.0 计算出抛石管保持架在工况下所受多个载荷的共同作用下，所能承受的变形情况和强度极限。

4.3.4.1　保持架有限元分析过程流程

基于 ANSYS_Workbench 17.0 中的具体计算流程图如图 4－81 所示。

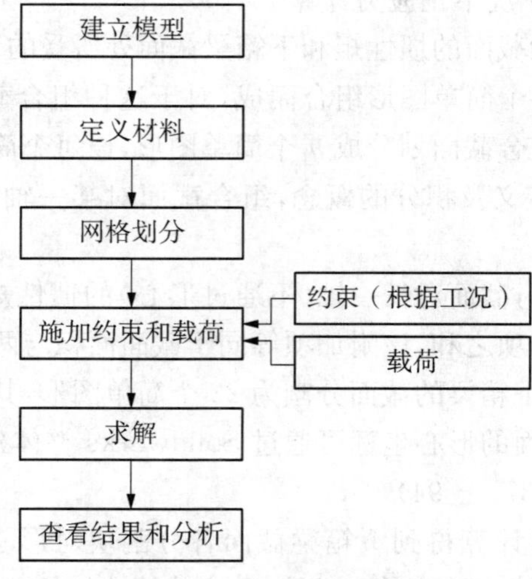

图 4－81　ANSYS 计算流程图

由于本计算内容重点为抛石整平船工作状态下抛石管保持架整体的应力、应变状态，考虑抛石管保持架整体为一焊接件，本研究建立的计算模型为抛石管保持架的整体。同时因为抛石管保持架的模型较为复杂，对每块板件及其他部分分别建模的工作量特别大，而且是一个耗时且重复性工作，所以本研究计算决定采用了利用软件 Solidworks_2016 来进行对抛石管保持架的整体建模，只要通过导入 Solidworks 中建立的模型，就可以让 ANSYS Workbench 生成对应的计算模型，大大减少了用 ANSYS 直接建立模型的工作量和缩短了计算时间，计算效率得到了很大提升。由于该设计研究的对象抛石管保持架是由很多板件、角钢、钢管、圆钢等钢材焊接而成，钢材之间基本没有螺纹连接等，所以在将 Solidworks 模型转换成 IGS 模型时已转化为一整个零部件，在 ANSYS 中无须考虑其各个板件间的连接关系。

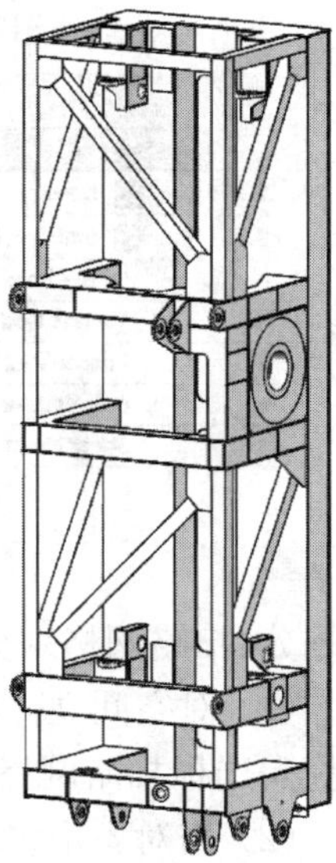

图 4－82　保持架的 Solidworks 模型

4.3.4.2　参数化模型建立

以下为抛石管保持架的有限元分析模型建立过程。

1）建立电机模型

本电机的模型在 Solidworks 中绘制完成，其 Solidworks 模型图如图 4－82 所示。将 Solidworks 中的文件 SLDASM 格式转化为 IGS 格式，即可将 Solidworks 模型导入 ANSYS 内进行分析，简化了 ANSYS 建模过程，其 ANSYS 模型图如图 4－83 所示。

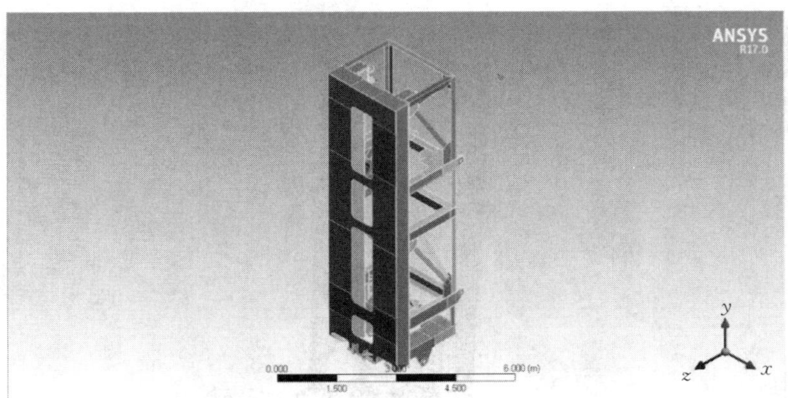

图 4－83　保持架的 ANSYS 模型

2）定义材料属性

仿真计算时，根据已知条件可知，本研究设计并分析的对象抛石管保持架整体大部分材料为 Q345D，查阅材料可知，Q345D 钢材的弹性模量为 $E=2.06\times10^{11}\ \mathrm{N/m^2}$，泊松比 $\mu=0.304$，密度 $\rho=7\,850\ \mathrm{kg/m^3}$。Q345D 材料属性图如图 4－84 所示。

3）计算网格划分

网格划分需要首先设置网格划分的单位大小和方式，在 ANSYS Workbench 17.0 中网格划分方式共有 5 类，分别为四面体网格划分、六面体网格划分、自动网格划分、多域扫略网

	A	B	C	D	E
1	Property	Value	Unit		
2	Density	7 850	kg m^-3		
3	Isotropic Elasticity				
4	Derive from	Young's Modulus...			
5	Young's Modulus	2.06E+11	Pa		
6	Poisson's Ratio	0.304			
7	Bulk Modulus	1.7517E+11	Pa		
8	Shear Modulus	7.8988E+10	Pa		

图 4-84 Q345D 材料属性图

格划分、扫略网格划分。在网格划分方式的选择上，本设计研究遵循以下原则：

(1) 对空间立体实物而言，尽量选择六面体网格划分网格，当对象为一个简单规则体时，则优先选择扫略网格划分网格。

(2) 当对象由多个简单规则体组合而成的时候，优先选择多域扫略网格划分网格。

(3) 如若前几种网格划分方式都不适合该种情况，最后选择四面体网格划分网格。

本设计研究网格划分的对象为一个空间立体实物，所以在此选择多域扫略网格划分网格，可以满足计算要求。

其网格划分的过程为 Main Menu-Component System-Mash-Generate Mash. 当软件网格划分完全时，查看抛石管保持架各部件连接处是否网格划分不合理，如不合理，需重新进行网格划分。网格划分完全后的模型如图 4-85 所示。

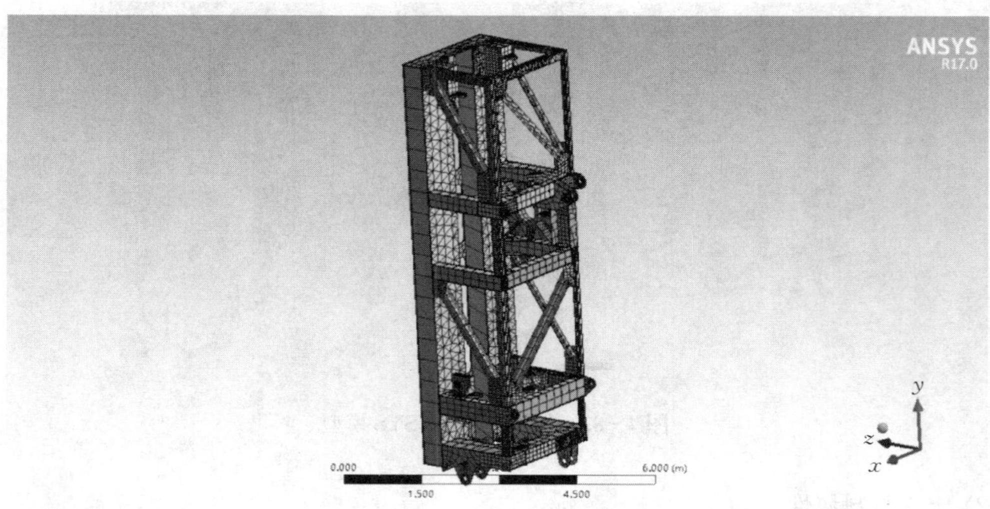

图 4-85 网格划分完全后的模型

经过网格划分后，通过软件统计可知，该抛石管保持架模型共计生成了 167 333 个节点，29 104 个单元组成。通过检查单位的畸变度来判断该网格划分质量的优劣，其畸变度指数(Skewness)为 0～1，其中 0 为极好的情况，1 为无法接受的情况。经过软件检查其网格划分的畸变度指数的平均指数为 0.481，属于良好的网格划分。

经过网格划分后 ANSYS 模型即可添加约束及载荷进入后处理阶段。

4）约束及载荷施加

抛石管保持架可以将抛石整平船抛石管限制在保持架的限定路径中，由各截面上安装的导向轮提供导向功能。侧梁上焊接有四块 HARDOX 材质的耐磨板，当抛石管底部抛石整平头与水下基床相接触摩擦时会产生一个垂直于侧梁的拉/压应力，其作用部分为此四块耐磨板。滑轮底座下安装由四个用于抵消装置重力的滑轮，其滑轮通过钢丝绳与外部绞车相连接，提供给抛石管保持架一个向上的力，力大小与保持架重力持平，另外还安装有两个滑轮用于引导溜管槽的方向。上箱梁和下箱梁之间的结构安装有一个翻转机构，其焊接在装置上且背面有八块肋板加以强化，外部有一旋转轴与其上销轴孔相配合，由液压马达提供驱动力，通过开式齿轮传动，将保持架和抛石管旋转 90°至水平/垂直状态；旋转轴通过花键和法兰与保持架连接，在抛石工况下，保持架会通过钢丝绳改向的作用，伸出船舷外；在回收抛石管工况下，随翻转机构同步动作，将抛石管和抛石整平头收回至船舷内。固定装置上有一小销轴孔，当保持架处于水平固定或垂直固定的情况下，操作人员会将其通过液压装置伸出一固定轴与外部固定，当保持架需要移动时固定轴撤离。操作人员可以在抛石整平船体上小车处的操作平台进行操控工作，完成整套抛石整平的工作。

在抛石整平头进行整平基面时，可以通过保持架的受力情况进行分析。抛石管受到基面所带来的基面摩擦力，抛石管底部（包含抛石整平头）到水面的范围受到一个水流对抛石管运行的阻力，因为抛石管与保持架接触的只有两对耐磨板（其中一对耐磨板包含两块相同的且对称布置的耐磨板），且该情况也不太适用超静定计算结构内力，所以本情况视为静定梁静定力学分析，其中 A 点和 B 点两个铰点即代表保持架上两组耐磨板的位置；保持架工况时翻转机构的旋转轴 d－d 给保持架提供约束；其固定机构中也有小销轴连接在保持架上给保持架提供约束。根据上节对抛石整平船工况下的受力分析，可了解到抛石管保持架上存在两处约束：一是抛石管翻转机构销轴孔周由于花键连接存在完全约束；二是固定装置上小销轴孔处也存在一个径向约束。

另外，抛石管保持架底面的滑轮底座下滑轮上所带钢丝绳给予一个大小约等同于抛石管保持架重力来自绞车拉动用于平衡抛石管所受重力的垂直方向的力，它的作用位置为下方四个滑轮的上半圆周。此外，经过第 3 章中的公式（3－8）和公式（3－9）计算可得到抛石管保持架上侧两块耐磨板受到拉力，每块耐磨板受到一个大小为 7 494.3 N 的拉力，抛石管保持架上侧两块耐磨板受到拉力，每块耐磨板受到一个大小为 17 428.6 N 的压力。

此外，对抛石管保持架 ANSYS 模型添加重力，大小为 9.806 6 m/s^2。

到此，抛石管保持架的约束及载荷施加完毕。下面进入模型的后处理环节。

5）有限元计算结果和分析结论

（1）计算结果。经过 ANSYS Workbench 的后处理阶段，对该工况的抛石管保持架进行计算，最后添加其应力、应变及变形情况，即可得到抛石整平船上的抛石管保持架应力、应变及变形情况的计算结果，计算结果如图 4－86 所示。

（2）分析结论。根据抛石管保持架工作状态下的应力、应变及变形的分析来看，该抛石管保持架设计结构安全，而且有些安全部位可以进行减重或其他优化，也可以对抛石管保持

总体应力分布云图(一)

总体应变分布云图(二)

总体变形分布云图(三)

图 4-86　计算结果

架的整体体积进行优化，将其整体结构缩小，因为分析得到的变形量很小，可以减小保持架上板件的厚度，这样设计的话，降低抛石管保持架本身重量和节省钢材，在满足基本要求下达到最优的机械结构，以最大效益满足生产需求，向绿色施工靠拢。

附　录

毕业设计与毕业实习要求

附录Ⅰ　毕业设计

一、毕业设计论文规范与归档管理

本科生必须认真完成毕业设计或毕业论文，毕业设计和毕业论文的质量不仅取决于其内容，而且有赖于其文本质量和编辑水平。要通过毕业设计和毕业论文，实事求是地反映出作者的设计能力、学术水平和创造性的科研成果。毕业设计和毕业论文的撰写，要求文理疏通、文字简洁、结构严谨、条理清楚、数据可靠、立论正确、逻辑性强。

1．毕业设计(论文)要求

1）命题与选题要求

(1) 毕业设计(论文)命题由指导教师(校内外)严格按照学校、学院的毕业设计(论文)要求，确定设计题目。

(2) 毕业设计(论文)命题以解决复杂工程问题为命题原则，并注明内容提要、工作量大小及难易程度；学院工程设计类题目占比90%以上。

(3) 毕业设计(论文)选题3年内不得重复。

2）审题要求

(1) 毕业设计(论文)指导人数：原则上教授指导不超过5人，副教授指导不超过4人，讲师指导不超过3人，助教指导不超过2人；若有特殊情况，可根据实际情况调整。

(2) 传统的毕业设计(论文)选题汇总后由各系部组织第一轮审核，审核后提交学院，学院组织审题委员会进行第二轮审核；为适应学校信息化建设，目前毕业设计选题实行一网通管理，首先由指导教师在各自的教务信息门户中提交毕业设计选题，由学院毕业设计负责人和教学院长审核，审核后的选题开放选题窗口供学生选择毕业设计题目及指导教师，指导教师根据选题结果选择自己需要的学生。经两轮选题审核后，再由毕业设计负责人指定未匹配的指导教师和学生，毕业设计选题流程结束。

(3) 毕业设计(论文)选题以学院审题结果为准，不得随意更改。

3）毕业设计(论文)主要指标与要求

(1) 毕业设计(论文)必须完成外文文献翻译2篇，外文字符要求不少于1.5万字(或翻译成中文后至少在6000字以上)。翻译的外文文献应主要选自学术期刊、学术会议的文章、有关著作及其他相关材料，应与毕业设计(论文)主题相关，并作为外文参考文献列入毕业设计(论文)的参考文献,中文译文后应附外文原文。

(2) 工程设计类题目,图纸工作量不少于 2.5 张 A0 号图纸,至少包含 1 张装配图纸(A0 号)(针对机械和车辆专业),或程序代码、电路原理图、PCB 布线图、实验仿真工作量不少于 4 页(针对电气专业)。研究类等题目,原则上应有实验设计和实验验证内容,图纸量不少于 1 张 A0 号图纸,或包含实验(仿真)设计和实验(仿真)验证内容。

(3) 毕业设计(论文)必须完成开题报告,内容应包含课题的研究背景、国内外研究现状、现有的相关知识产权情况、研究内容及研究计划等;开题报告应包含相应的文献综述,字数不少于 5 000 字。

(4) 毕业设计参考文献不得少于 12 篇,其中外文参考文献不得少于 4 篇。

(5) 设计类课题,须完成 2.5 张以上 A0 号图纸的工作量要求,并打印成书面图纸;论文页数需 35 页以上,其中核心内容 25 页以上。

(6) 软件类课题,须进行软件测试,测试合格后方可进行论文答辩;论文页数需 45 页以上,其中核心内容 35 页以上;该类课题还须进行识图测试。

(7) 纯理论研究类课题,论文页数需 45 页以上,其中核心内容 35 页以上;该类课题须进行识图测试。

2. 毕业设计(论文)的内容与格式

1) 内容要求

一份完整的毕业设计(论文)包括标题、基本信息、承诺书、摘要、关键词、目录、正文、参考文献、致谢、附录等。

(1) 毕业设计(论文)标题。一般包括中文标题和外文标题。中文标题应该简短、明确、有概括性;标题字数要适当,一般不超过 20 个字。外文标题应该简洁、明确、翻译正确。

(2) 基本信息。包括学院名称、专业名称、作者姓名及学号、指导教师姓名及职称,以及论文完成的日期。

(3) 承诺书。指论文作者对学术诚信的庄重承诺。

(4) 中英文摘要及关键词。论文摘要简要陈述本科毕业设计(论文)的内容,创新见解和主要论点。中文摘要篇幅应 300～500 字,并附有相应的英文摘要。中英文摘要的内容要一致。

关键词一般 3～5 个,按词条的外延层次从大到小排列。关键词是反映毕业设计(论文)主题内容的名词,是供检索使用的。关键词条应为通用词汇,不得自造关键词。关键词排在摘要正文部分下方。

(5) 目录。应独立成页。目录按三级标题编写,要求层次清晰,且要与正文标题一致。目录还应包括引言、参考文献、致谢、附录等。

(6) 毕业设计(论文)正文。包括绪论、引言或前言、主体及结论等部分。正文篇幅要求 15 000 字以上。其中,英语、德语专业毕业设计(论文)应不少于 5 000 个外文单词,日语专业应不少于 8 000 个日语假名,艺术设计类专业不少于 3 000 字。毕业设计(论文)的核心设计、研究篇幅应占全部篇幅的 1/2 以上。

① 绪论、引言或前言。要在毕业论文及毕业设计主体之前,用简练概括性语言引出论文所要研究的问题,可以综合评述前人工作,简要说明设计、研究工作的目的、范围、相关领域的前人工作和知识空白、理论基础和分析、研究设想、研究方法和实验设计、预期结果和意义

等。应言简意赅，不要与摘要雷同，不要成为摘要的诠释。一般教科书中有的知识，在前言中不必赘述。

② 正文。正文是毕业论文及毕业设计的核心部分，占主要篇幅，包括参考数据、设计方法、理论分析、数据资料、实验方法、实验结果，以及图表、形成的论点和结论等。由于研究、设计工作涉及的学科、选题、研究方法有很大差异，对正文内容不做统一规定。但必须实事求是，客观真实，合乎逻辑，层次分明。

正文主体一般可分为若干章完成。

③ 结论。结论是对整个毕业论文及毕业设计主要成果的归纳，要突出论文的创新点，以简练的文字对主要工作进行评价，内容包括：对所得结果与已有结果的比较和课题尚存在的问题，以及进一步开展研究的见解与建议。一般为400～1 000字。

结论一般作为论文正文的最后一章，并在一章内完成。

(7) 参考文献与注释。参考文献为研究中参考的资料，包括专著、论文、年鉴、网站等。参考或引用了他人的学术成果或学术观点必须在文中明确标明，严禁抄袭、占有他人成果。所引用的文献必须是公开发表的与毕业设计(论文)工作直接有关的文献，且经过本人阅读理解，以近期发表的文献为主，参考文献应按文中引用出现的顺序排列。正文中引用参考文献的部位，须用上标标注[参考文献序号]。列入的主要参考文献要求不少于10篇，其中外文文献不少于2篇。

注释是对论著正文中某一特定内容的进一步解释或补充说明，一般排印在该页地脚。

(8) 致谢。指对导师和给予指导或协助完成论文工作的组织和个人表示的感谢。内容应简洁明了、实事求是，避免俗套。

(9) 附录。指一些不宜放在正文中，但又直接反映研究工作的材料(如设计图纸、实验数据、计算机程序等)，附于文本末尾。

根据需要可在论文中编排附录，附录序号用“附录1、附录2”等字样表示。

2) 格式要求

(1) 名词文字、标点符号和数字。汉字的使用应严格执行国家的有关规定，除特殊需要外，不得使用已废除的繁体字、异体字等不规范汉字。标点符号的用法应该以《标点符号用法》(GB/T 15834—2011)为准；数字用法应该以《出版物上数字用法的规定》(GB/T 15835—2011)为准。除外语相关专业外，学位论文一律用汉字书写。

科学技术名词术语采用全国自然科学名词审定委员会公布的规范词或国家、部颁标准中规定的名称；尚未统一规定的名词术语，可采用惯用的名称。使用外文缩写代替某一名词术语时，在首次出现处加括号注明其含义。外国人名一般用英文原名，按名前姓后的原则书写。一般很熟知的外国人名(如牛顿、达尔文、马克思等)可按通常标准译法书写中文译名。

(2) 层次标题。要简短明确，同一层次的标题应尽可能“排比”，即词(或词组)类型相同(或相近)，意义相关，语气一致。

(3) 页眉和页码。页眉从正文开始，奇偶页不同，各部分首页也要有页眉。毕业设计及毕业论文奇数页和偶数页页眉分别为“本科毕业设计(论文)题目”、“××××大学本科生毕业设计(论文)”、采用宋体五号字居中书写。页码从正文开始按阿拉伯数字(1，2，3，…)连续编排，之前的部分(中文摘要、Abstract、目录等)用大写罗马数字(Ⅰ，Ⅱ，Ⅲ，…)单独编排。

(4) 有关图、表。图要精选，要具有自明性，切忌与表及文字表述重复。图中的术语、符号、单位等应与正文表述中所用一致。图在文中的布局要合理，一般随文编排，先见文字后见图。图题应简明。图序和图题间空 1 个字距，居中排于图的下方。

表中参数应标明量和单位的符号。表一般随文排，先见相应文字后见表。表序与表题：表序一律采用阿拉伯数字编号。表序和表题间空 1 个字距，居中排于表的上方。图、表、公式一律采用阿拉伯数字分章编号，如图 2-5、表 3-2 等。若图或表中有附注，采用英文小写字母顺序编号。

(5) 表达式、公式。表达式主要指数字表达式，也包括文字表达式。表达式须另行起排的，要用阿拉伯数字编号，序号加圆括号，右顶格排，如式(3-1)。

公式居中书写，统一用公式编辑器编辑。公式较长时应在"＝"前转行或在"＋、－、×、÷"运算符号处转行，等号或运算符号应在转行后的行首。公式的编号用圆括号括起放在公式右边行末，公式和编号之间留空。例：

$$F(j\omega)=\int_{-\infty}^{\infty}f(t)\mathrm{e}^{-j\omega t}\mathrm{d}t \tag{3-1}$$

(6) 量和单位。要严格执行 GB 3100～3102—93 有关量和单位的规定。单位名称的书写，可以采用国际通用符号，也可以用中文名称，但全文应统一，不要两种混用。

(7) 参考文献与注释。文科论文引用文献，若引用的是原话，要加引号，一般写在段中；若引的不是原文只是原意，文前只须用冒号或逗号，而不用引号。根据《文后参考文献著录规则》(GB/T 7714—2005)的要求书写参考文献，按顺序编码制，作者只写到第三位，余者写"等"，英文作者超过 3 人写"et al"。文献中的外文字母一律用正体。俄文文献名第一个词和专有名词的第一个字母大写，余者小写；日文文献中的汉字须用日文汉字，不得用中文汉字、简化汉字代替。

注释是对论著正文中某一特定内容的进一步解释或补充说明，一般排印在该页地脚。参考文献序号用方括号标注，按引用先后，在正文的相关处用上标表明(如[1]、[2]、…)，并与文末的参考文献相对应，而注释用数字加圆圈标注(如①、②、…)。

如果在注释里引用参考文献，参考文献的格式不变，但须用括号标示。

几种主要参考文献的著录格式如下。

期刊文章：

[序号]作者. 文献题名[J]. 刊名，年，卷号(期号)：起-止页码.

图书：

[序号]作者. 书名[M]. 出版地：出版者，出版年：起-止页码.

论文集文章：

[序号]作者. 文献题名[C]//论文集作者. 论文集名(其他信息). 出版地：出版者，出版年：起-止页码.

学位论文：

[序号]作者. 文献题名[D]. 保存地：保存单位，年份.

专利：

[序号]专利所有者. 专利题名：专利国别，专利号[P]. 公开日期.

标准：

[序号]标准制定者. 标准代号　标准名称[S]. 出版地：出版者，出版年：起-止页码.

报纸文章：

[序号]作者. 文献题名[N]. 报纸名，出版年-月-日(版次).

报告：

[序号]作者. 文献题名[R]. 报告地：报告会主办单位，年份.

示例：

[1] 卢开澄. 单目标、多目标与整数规划[M]. 北京：清华大学出版社，1999.

[2] Axelrod R. The evolution of strategies in the iterated prisoner's dilemma [M]. Genetic Algorithms and Simulated Annealing. London：Pitman，1987：32 - 41.

[3] Jiao L，Wang L. A novel genetic algorithm based on immunity [J]. IEEE Trans. on System，Man and Cybernetics — Part A：System and Humans，2000，30(5)：552 - 561.

3. 毕业设计(论文)文档管理

1) 毕业设计(论文)管理文件组成

包括毕业设计(论文)立题卡，任务书，开题报告，中期检查表，中期报告，毕业设计(论文)答辩记录表，成绩评定表；毕业设计(论文)，英文资料翻译及英文资料原文复印件，毕业设计(论文)指导手册，其他(图纸、计算机软件源程序、软件测试报告、软件使用说明书等)。同时，上述资料须上传至毕业设计(论文)计算机管理平台。

2) 毕业设计(论文)管理文件的书写及装订要求

毕业设计(论文)资料的填写要规范，学院、专业、学号等信息要完整，不能使用简称，卷面要整洁，如为手写，则一律用黑或蓝黑色签字笔或钢笔，字体要工整，如打印，签名处必须手写。

为便于操作和管理，每位学生的毕业设计(论文)须装订成册，与毕业设计(论文)其他管理资料一起存档。

(1) 毕业设计(论文)装订次序(每生一册)：

① 封页(由学校教务处统一制作)。

② 扉页。

③ 中文摘要。

④ 英文摘要。

⑤ 中文目录。

⑥ 正文。

⑦ 参考文献。

⑧ 致谢。

⑨ 附录。

(2) 毕业论文(设计)其他管理资料(按序排列)：

① 毕业设计(论文)立题卡(模板见附录末附件 1)。

② 毕业设计(论文)任务书(模板见附件 2)。

③ 开题报告(模板见附件 3)。

④ 中期报告(模板见附件 4)。

⑤ 中期检查表(模板见附件 5)。

⑥ 指导手册。

⑦ 毕业答辩记录表。

⑧ 毕业答辩成绩评定表。

⑨ 文献翻译(含扉页,英文资料原文)。

⑩ 其他(图纸、计算机软件源程序、软件测试报告、软件使用说明书等)。

上述档案材料由学生整理后交指导教师,由指导教师审核后提交学院,经学院审阅评定后归档。

二、毕业设计(论文)实施流程及时间节点安排

1. 毕业设计(论文)实施流程

本科生毕业设计(论文)实施由学院根据学校下达的毕业设计(论文)教学要求和时间节点,统一组织安排。具体实施流程如下:

(1) 各系部提交毕业设计(论文)选题,并进行第一轮审题。

(2) 学院完成毕业设计(论文)审题工作。

(3) 学生完成毕业设计(论文)选题工作。

(4) 学院完成毕业设计题目分配工作,并将《毕业设计(论文)题目汇总表》提交至教务处。

(5) 各系部组织毕业设计(论文)动员与辅导工作,安排指导教师与学生见面,布置毕业设计(论文)任务,让学生对毕业设计(论文)项目有明确的了解,方便学生做好毕业设计的前期准备工作。

(6) 指导老师提交电子版的毕业设计立题卡及任务书。

(7) 学院毕业设计审核小组完成立题卡及任务书审核。

(8) 学生提交中期报告(纸质版),指导教师提交中期检查表(电子版+纸质版),学院教学委员会组织第一次毕业设计(论文)抽查工作,被抽查到的学生须汇报前期所做的毕业设计(论文)工作。抽查学生须准备相关材料及 5 min PPT 介绍。对抽查不合格的同学给予警告与改进意见。

(9) 教务处及教学督导团到学院进行毕业设计中期检查。对抽查不合格的同学给予严重警告或取消毕业设计(论文)资格。

(10) 学院教学委员会组织第二次毕业设计抽查工作,抽查学生须准备毕业设计(论文)相关资料及 5 min PPT 汇报。对抽查不合格的同学给予警告或取消毕业设计(论文)答辩的意见。

(11) 学生完成毕业设计论文查重,重复率不高于 30%。

(12) 学院提交学生答辩日程安排表。教务处发布盲审抽检学生名单,学院按要求提交盲审与论文重复度抽检学生资料,其中查重率为 100%。

(13) 毕业设计(论文)结束,学生提交毕业设计(论文)。各答辩小组评阅论文,填写毕业设计(论文)成绩评定表(纸质版一式两份,签字),并交学院教务办公室;同时,学院公布盲审及查重结果,部分学生可提交缓答辩申请。

(14) 软件测试。

(15) 毕业设计(论文)各小组答辩。

(16) 评优大组答辩和末位淘汰大组答辩。

(17) 毕业论文(设计)成绩的评定工作,各答辩组向学院提交毕业设计(论文)成绩。

(18) 提交毕业设计全部资料,相关表格包括立题卡、任务书、中期报告、中期检查表、成绩评定表(2 份)、软件测试评价等;毕业论文(设计)的资料包括开题报告、外文文献翻译、图纸、软件、实验报告、数据、论文、光盘等。

(19) 提交优秀毕业设计(论文)摘要(电子版)。

(20) 学院完成毕业设计(论文)归档。

(21) 组织缓答辩同学答辩,提交毕业设计(论文)工作总结。

2. 毕业设计(论文)时间节点安排

本科生毕业设计(论文)时间节点安排由教务处根据不同学年的教学计划在毕业设计前进行预安排,各学院根据教务处的教学计划组织毕业设计各项工作的具体时间安排。如有变动,会根据教学计划调整。

附录Ⅱ　毕业实习

毕业实习是指学生在毕业之前,即在学完全部课程之后到实习现场参与一定实际工作,通过综合运用全部专业知识及有关基础知识解决专业技术问题,获取独立工作能力,在思想品德、业务能力方面得到全面锻炼,并进一步掌握专业技术的实践教学形式。它往往是与毕业设计(或毕业论文)相联系的一个准备性教学环节。

毕业实习的主要任务是综合运用所学专业知识使学生获得独立工作的能力,并培养学生的综合职业能力;有目的地围绕毕业设计(或毕业论文)进行毕业实习,以便在实践中获得有关资料,为进行毕业设计或撰写毕业论文做好准备。

一、毕业实习要求

1. 毕业实习企业要求

毕业实习企业一般要求与机械相关联的具有代表性行业龙头,包含设计、制造、控制等领域内的相关企业。

2. 毕业实习要求

通过毕业实习,学生须完成毕业实习报告,做好毕业设计(论文)的前期准备工作,完成相关资料的收集与整理工作,确定好毕业设计选题。

二、毕业实习报告内容

1. 题目

根据企业研究领域确定毕业实习的选题方向与名称。

2. 项目背景

包括项目的提出原因、环境背景以及优势分析等。

3. 研究目标

即项目所要达到的期望结果,包括具体的技术指标。

4. 过程描述

(1) 项目进行中的工作步骤及安排(如工艺部门负责产品制造过程中的具体生产工艺安排,检测部门对生产的产品进行检测分析等)。

(2) 项目进行过程中出现的一些问题及相应解决办法(如在产品检测阶段，产品的某一项功能一直不能达到要求，最后是如何解决这个问题的)。

5. 实习项目分析

(1) 工程角度(对项目的重难点进行分析)。

(2) 复杂工程问题的提炼和分析。

(3) 实践难度解析。

(4) 成本角度(企业中的生产与学生在书本上学习的东西是有差距的，应描述企业在实际的生产过程中对于成本是如何要求和控制的，以强化学生控制成本的意识)。

6. 总结

毕业实习项目中遇到的问题和相应解决方法的总结，项目中应用的新技术方法，或者在本项目中发现的解决某些工程问题的新方法。

7. 相关学科知识

三、毕业实习中所应用到的相关课程知识

如设计机械部件时需要应用机械原理、机械设计相关知识；建模和制图时需要掌握Solidworks、CAD等软件；进行生产工艺安排时需要使用机械制造课程相关的知识。

附件1　立题卡模板

××××大学
本科毕业设计(论文)立题卡

毕业设计(论文)题目							
学院				专业			
学生姓名		学号		指导教师		职称	
内容简介							
课题类型	设计型(　)		理论研究型(　)		其他(　)		
课题来源	科研项目	生产实践(　)		教学建设(　)		自拟(　)	

指导教师：________日期　　　年　月　日　专业负责人：________日期　　　年　月　日

毕业设计(论文)立题卡评议表

专业相关程度	较高		合适		较低	
专业知识覆盖面	较宽		合适		较窄	
工作量	较重		合适		较轻	
难易程度	较难		合适		较易	
审核小组意见	适用(　)		修改后可用(　)		不适合(　)	
修改建议						

审核小组组长：________日期　　　年　月　日　主管院长：________日期　　　年　月　日

附件 2 任务书模板

条形码粘贴区(居中)

××××大学
本科毕业设计(论文)任务书

<table>
<tr><td colspan="2">毕业设计(论文)题目</td><td colspan="6"></td></tr>
<tr><td>学院</td><td colspan="3"></td><td>专业</td><td colspan="3"></td></tr>
<tr><td rowspan="2">学生姓名</td><td rowspan="2"></td><td rowspan="2">学号</td><td rowspan="2"></td><td rowspan="2">指导教师</td><td></td><td rowspan="2">职称</td><td></td></tr>
<tr><td></td><td></td></tr>
<tr><td colspan="8">一、毕业设计(论文)的目的和要求:</td></tr>
<tr><td colspan="8">二、毕业设计的技术要求与数据(或毕业论文主要内容):</td></tr>
<tr><td colspan="8">三、毕业设计(论文)工作起始日期:自　　年　月　日起,至　　年　月　日止。</td></tr>
<tr><td colspan="8">四、进度计划与应完成的工作:
1.　月　日—　月　日:
2.　月　日—　月　日:
3.　月　日—　月　日:
4.　月　日—　月　日:
……</td></tr>
<tr><td colspan="8">五、主要参考文献、资料:
1.
2.
3.
4.
5.</td></tr>
</table>

指导教师:________日期　　年　月　日　专业负责人:________日期　　年　月　日

附件 3　开题报告模板

××××大学××××学院
毕业设计(论文)开题报告

课题名称：____________________

学生姓名：________　学号：________

指导教师：________　职称：________

所在学院：____________________

专业名称：____________________

××××学院

年　月　日

说　　明

1. 根据《××××学院毕业设计(论文)管理规定》,学生必须撰写《毕业设计(论文)开题报告》,由指导教师签署意见、系(所)审查,学院教学院长批准后实施。

2. 开题报告是毕业设计(论文)答辩委员会对学生答辩资格审查的依据材料之一。学生应当在毕业设计(论文)工作前期内完成,开题报告不合格者不得参加答辩。

3. 毕业设计开题报告各项内容要实事求是,逐条认真填写。其中的文字表达要明确、严谨,语言通顺,外来语要同时用原文和中文表达。第一次出现缩写词,须注出全称。

4. 课题类型填:设计型;理论研究型;其他。

5. 课题来源填:科学研究;生产实践;教学建设;自拟。

<table>
<tr><td>课题名称</td><td colspan="3"></td></tr>
<tr><td>课题来源</td><td></td><td>课题类型</td><td></td></tr>
<tr><td>选题的背景
及意义</td><td colspan="3"></td></tr>
<tr><td>国内外研究
现状、现有知
识产权情况</td><td colspan="3"></td></tr>
<tr><td>研究内容和
拟解决的
主要问题</td><td colspan="3"></td></tr>
<tr><td>研究方法和
技术路线</td><td colspan="3"></td></tr>
<tr><td>研究的总体
安排和进度
计划</td><td colspan="3"></td></tr>
</table>

（续表）

<table>
<tr><td>主要参考
文献</td><td colspan="2"></td></tr>
<tr><td>指导教师
意见</td><td colspan="2">指导教师签名：
年　月　日</td></tr>
<tr><td colspan="2">系(所)意见</td><td>学院意见</td></tr>
<tr><td colspan="2">系(所)主任签名：
年　月　日</td><td>教学院长签名：
年　月　日</td></tr>
</table>

附件 4 中期报告模板

××××大学

本科毕业设计(论文)中期报告

<table>
<tr><td colspan="3">毕业设计(论文)题目</td><td colspan="5"></td></tr>
<tr><td>学院</td><td colspan="3"></td><td>专业</td><td colspan="3"></td></tr>
<tr><td>学生姓名</td><td></td><td>学号</td><td></td><td>指导教师</td><td></td><td>职称</td><td></td></tr>
<tr><td colspan="8">一、毕业设计(论文)完成情况(对照任务书内容要求和进度计划要求介绍完成情况)

二、存在的问题、拟采取的措施

三、对指导教师指导工作的建议

</td></tr>
</table>

学生(签名)：__________ 日期 年 月 日

附件 5　中期检查表模板

××××大学

本科毕业设计(论文)中期检查表

<table>
<tr><td colspan="2">毕业设计(论文)题目</td><td colspan="6"></td></tr>
<tr><td>学院</td><td colspan="3"></td><td>专业</td><td colspan="3"></td></tr>
<tr><td>学生姓名</td><td></td><td>学号</td><td></td><td>指导教师</td><td></td><td>职称</td><td></td></tr>
<tr><td colspan="8">一、指导情况(指导次数、方式):</td></tr>
<tr><td colspan="8">二、毕业设计(论文)完成情况(对学生的工作进程、工作质量和工作态度进行检查):</td></tr>
<tr><td colspan="8">三、存在的问题,拟采取解决问题的方案及措施:</td></tr>
<tr><td colspan="8">指导教师(签名):________　日期　　年　月　日</td></tr>
<tr><td colspan="8">学院毕业设计(论文)质量监控小组意见:
组长(签名):________　日期　　年　月　日</td></tr>
</table>

主管院长:________　日期　　　年　月　日

参考文献

[1] 杜严勇.爱因斯坦的科技伦理思想及其现实意义[J].武汉科技大学学报(社会科学版),2013,15(6):612-616.

[2] 李世新.工程伦理学概论[M].北京:中国社会科学出版社,2008.

[3] 刘永谋.工程师时代与工程伦理的兴起[N].光明日报,2018-09-03(15).

[4] Ibo van de Poel, David E Goldberg. Philosophy and engineering: an emerging agenda [M]. The Netherlands: Springer, 2009.

[5] 王前,朱勤.工程伦理的实践有效性研究[M].北京:科学出版社,2015.

[6] 门田隆将.福岛核事故真相[M].沈长清,译.上海:上海人民出版社,2015.

[7] 刘明新.职业伦理与职业素养[M].北京:机械工业出版社,2009.

[8] 查尔斯·E·哈里斯,等.工程伦理:概念与案例[M].杭州:浙江大学出版社,2018.

[9] 赵展慧.蒙内铁路,非洲绿色发展之路[N].人民日报,2016-12-25(3).

[10] 冯云龙,杨东林,徐锋,等.肯尼亚蒙内铁路建设期的环境保护[J].中国港湾建设,2017,37(10):82-87.

[11] 孙一辰.内罗毕至马拉巴铁路穿越内罗毕国家公园段环境保护措施分析[J].铁路节能环保与安全卫生,2019,9(6):10-13,32.

[12] David B Resnik. The ethics of science (an introduction) [M]. London and New York: Routledge, 1998: 221.